普通高等教育"十四五"规划教材

冶金工业出版社

废弃物制备 CO_2 吸附剂的原理与应用

杜 涛 等编著

北 京

冶 金 工 业 出 版 社

2023

内 容 提 要

本教材是在碳达峰、碳中和的大背景下,为进一步丰富工业生态学理论体系撰写而成的。教材阐述了工农业废弃物制备沸石吸附 CO_2 的机理,收集了大量的表征数据和性能数据,附有基本原理图、表征分析图、性能分析图等,并以科学性、实用性为原则,深入浅出地介绍了各类工农业废弃物制备吸附剂在碳捕集领域的应用。针对金属矿渣、粉煤灰、煤矸石、稻壳灰、玉米芯等多种工农业废弃物,介绍了前处理除杂提炼工艺,以及由各种工农业废弃物制备沸石吸附剂的制备方法与流程,通过对其进行系统先进的表征分析与性能测试,优化了各类沸石的制备条件,探索了沸石的吸附动力学,进而提高了沸石的吸附性能,实现"以废治废",为推动碳捕集领域的进步奠定基础。

本教材既可用于工业生态学、气候变化与温室气体减排、碳捕集利用与封存辅助教材,拓宽学生的视野,又可为高校科研人员及企业人员提供系统的数据参考。

图书在版编目(CIP)数据

废弃物制备 CO_2 吸附剂的原理与应用/杜涛等编著. —北京:冶金工业出版社,2023.12

普通高等教育"十四五"规划教材

ISBN 978-7-5024-9684-5

Ⅰ.①废… Ⅱ.①杜… Ⅲ.①固体废物—制备—二氧化碳—固体吸附—吸附剂—高等学校—教材 Ⅳ.①TB61

中国国家版本馆 CIP 数据核字(2023)第 233767 号

废弃物制备 CO_2 吸附剂的原理与应用

出版发行	冶金工业出版社		电　　话	(010)64027926
地　　址	北京市东城区嵩祝院北巷 39 号		邮　　编	100009
网　　址	www. mip1953. com		电子信箱	service@ mip1953. com

责任编辑　夏小雪　王雨童　美术编辑　吕欣童　版式设计　郑小利
责任校对　李欣雨　责任印制　窦　唯
三河市双峰印刷装订有限公司印刷
2023 年 12 月第 1 版,2023 年 12 月第 1 次印刷
710mm×1000mm　1/16;13.75 印张;266 千字;210 页
定价 39.00 元

投稿电话　(010)64027932　投稿信箱　tougao@cnmip.com.cn
营销中心电话　(010)64044283
冶金工业出版社天猫旗舰店　yjgycbs.tmall.com
(本书如有印装质量问题,本社营销中心负责退换)

前　言

随着时代的发展，CO_2 排放量逐年上升，温室效应逐年加剧，CO_2 捕集技术越来越受到关注。本书以工农业废弃物制备沸石吸附剂为主线，介绍其在 CO_2 捕集领域的应用能力，进一步丰富了工业生态学环境问题分析案例。

2020 年，中国正式宣布"二氧化碳排放力争于 2030 年前达到峰值，努力争取 2060 年前实现碳中和"的"双碳"目标。目前，中国碳排放总量仍呈上升趋势，其中能源、工业碳排放占比较高，如何在保障经济稳步发展的前提下保质保量实现双碳目标是一个不小的难题。《中国 CCUS 年度报告 2023》指出，CCUS（碳捕集、利用与封存）技术是中国碳中和技术体系的重要组成部分，是化石能源近零排放的重要技术选择，是钢铁、水泥等难减排行业深度脱碳的可行技术方案，是未来支撑碳循环利用的主要技术手段。碳捕集技术为后续 CO_2 的高效利用奠定了强有力的基础。为此，作者以过去十余年的研究为基础，以实验验证为保障，汇总撰写了这本包含各类工农业废弃物制备不同类型沸石，并用于不同条件下 CO_2 捕集的教材。旨在拓宽本科生的视野，为高校科研人员及企业人员提供系统的数据参考，为推动碳捕集领域的技术进步提供基础支撑。

本教材由东北大学冶金学院杜涛教授领衔撰写。教材主要包括 6 章内容，第 1 章为绪论，由杜涛编著，主要介绍了本教材涉及的捕集工艺、吸附剂的类型、工农业废弃物的现状等；第 2 章为金属矿渣制备吸附剂，由杜涛编著，主要介绍了红土镍矿酸浸渣、镍铁渣、钒渣酸浸渣用于制备沸石的工艺流程、表征分析与性能测试；第 3 章为粉煤灰制备沸石吸附剂，其中 3.1~3.3 节由杜涛编著，3.4、3.5 节由陈鹏编著，主要介绍了以粉煤灰为原料，通过不同的工艺流程，分别制备沸石 CHA、ETS-10、SGU-29 的技术方案，并逐个进行表征分析与性能优化，使其适用于不同条件下的 CO_2 捕集；第 4 章为煤矸石制备吸附剂，由李英楠编著，主要介绍了煤矸石的性质以及制备的沸石在吸附方面的应用；第 5 章为生物质废弃物制备吸附材料，其中 5.1 节由贾贺编著，5.2、5.3 节由陈鹏编著，介绍了利用不同合成方法将稻壳灰和玉米芯转化为沸石的合成方案，并对其 CO_2 捕集能力进行了系统的分析；第 6 章为沸石结构优化及掺杂改性对吸附 CO_2 性能影响，由王义松编著，主要介绍了包括骨架外阳离子替换、氨基功能化、硅烷化以及改变硅铝比等多种改性方法对沸石吸附能力及特性的影响。

本教材在编写过程中，参考了相关教材、专著、学位论文、学术论文等，得到了东北大学教务处、冶金学院、国家环境保护生态工业重点实验室、工业生态学与节能减排研究所各位老师的大力支持与帮助，在此一并表示衷心的感谢。

由于作者水平有限，书中难免有错误和疏漏之处，敬请读者批评指正。

作　者
2023 年 10 月

目　　录

1 绪 论

1.1 温 室 气 体

地球大气是由不同气体构成的，而各种气体对太阳辐射的吸收能力也不尽相同。其中部分气体对于短波辐射来说是透明的，而在长波频段则具备了黑体特性，能够强烈地吸收来自地面的长波辐射。具备上述特质的一类气体被称作温室气体，大气中主要的温室气体有 CO_2、水蒸气、甲烷（CH_4）以及氮氧化物等。

温室气体的存在使得温度较高的太阳短波辐射穿过大气层时只有很少的一部分被反射回宇宙环境当中，其余部分照射到地面使地表温度升高。从地表反射的辐射波以长波为主，其中的绝大部分在传播过程中被大气中的温室气体所吸收，同时辐射波所携带的热量也被保存在近地面的大气之中，这种现象被称为温室效应。由于地球的外层空间的温度高于宇宙空间，在大气层中被吸收的热量又有一部分散失到宇宙空间，这样的热量平衡保证了地表层的温度持续稳定在适宜人类居住的范围内。

对于地球上的生物而言，大气中的温室气体的存在是维持其生存的必要条件，但是温室气体在大气中的占比其实十分微小，甚至说是微不足道。温室气体功能上的重要和数量上的稀少形成了巨大的反差，但正是诸如此类无数的微小变量相互耦合最终孕育了地球上的万千生命。地球的生态系统就是在脆弱的沙堤上构筑起来的精妙的奇迹。然而，人类可能正在亲手毁掉这一奇迹。自工业革命以来，以化石燃料燃烧为主的人类工业活动产生了巨量的温室气体，远远超过了地球生态系统对温室气体的中和能力的极限。大气中的温室气体急剧增多，温室效应也由此加剧。温室效应加剧导致的全球暖化对气候的主要影响就是全球平均温度的上升，而大气温度的迅速上升则会带来一系列的环境问题。首先最直接的影响就是海平面上升，如果海平面上升 1 m，仅在我国就会造成 12 万平方千米的沿海土地被淹没，7000 万人失去家园。另一个威胁人类生存环境的危害就是由于全球水循环系统的改变，会出现比现在更多的洪水和干旱。此外，气候的变化还会引起全球的湿润气候带向高纬度地区转移，大量的森林和农田会因降水的减少退化成沙漠或者荒漠。全球变暖另一个潜在后果是远古病毒的复苏。随着两极冰川的融化，在冰层中封存了十几万年的史前病毒将再度被释放到地球大气中，而当前时代的所有地球生物的免疫系统可能对这些跨越了时间鸿沟的病原体束手无策。如果不加控制地放任温室效应的发展，人类将失去赖以生存的唯一家园。

虽然大气中的水蒸气含量巨大且是形成温室效应的几种气体之一，但是由于人类活动对大气中水蒸气的含量影响很小，所以普遍认为水蒸气不是导致温室效应加剧的关键所在。根据 1997 年达成的《京都议定书》，被认为引起气候变暖的温室气体主要有六种：CO_2、甲烷（CH_4）、氧化亚氮（N_2O）、全氟化碳（PFCs）、六氟化硫（SF_6）和氢氟碳化物（HFCs）。虽然 CO_2 的全球变暖潜能值（Global Warming Potential，GWP）小于其他温室气体，但是由于其在大气中的含量巨大且生存周期长，已经事实上成为造成全球气候变暖的最主要因素，见表 1.1。

表 1.1　温室气体体积分数及全球变暖贡献率

名称	体积分数/%			年增长率/%	生存周期/年	全球变暖潜能值/GWP	贡献率/%
	1750 年	1990 年	2019 年				
CO_2	$280×10^{-4}$	$353×10^{-4}$	$410×10^{-4}$	2.90	50~200	1	65
CH_4	$0.80×10^{-4}$	$1.72×10^{-4}$	$1.90×10^{-4}$	2.20	50~102	25	17
N_2O	$0.00029×10^{-4}$	$0.00031×10^{-4}$	$0.00033×10^{-4}$	0.25	120	270	6

自工业革命以来，科技的迅猛发展推动着工业化水平的提高，随之而来的是人口快速增长。时至今日，全球人口总数已经突破 70 亿。经济全球化和城市化进程在近几十年也在不断进行，这些社会进步发生的同时，也意味着会产生巨大的能源消耗。现代工业发展所使用的能源主要依靠煤、石油、天然气等化石燃料，这些传统化石燃料的燃烧会引起 CO_2 的大量排放，全球 CO_2 的总体排放量逐年递增。NASA 公布的数据显示，截至 2019 年，大气中 CO_2 的体积分数从工业革命前的 $280×10^{-4}$% 升高至 $410×10^{-4}$%，过去 70 年 CO_2 的体积分数增长率几乎是末次冰川时期的 100 倍，受其影响，全球的平均气温也上升了 0.8 ℃。2015年、2016 年和 2018 年接连出现厄尔尼诺现象并不断刷新有气象记录以来的最高温度纪录，2017 年的年平均气温也排在了历史上的第三位，并且成为非厄尔尼诺年份中最热的一年，比 1951—1980 年之间的平均气温升高了 0.9 ℃。

目前全球 CO_2 及其他温室气体的排放比例如图 1.1 所示，从图 1.1 中可以得知工业生产中化石燃料的大规模使用所产生的碳排放占到 CO_2 总排放量的 57%，是大气中增加的 CO_2 的最主要来源。根据当前世界经济的快速发展、现有新能源技术开发和普及现状，结合世界人口不断快速增长的背景，化石燃料在未来的几十年内仍可能是现代工业最主要的能源来源。在清洁的可再生能源没有革命性发展的背景下，为了满足降低碳排放的要求，化石燃料的清洁燃烧和 CO_2 捕集技术的研究具有重要意义。从能源消耗较多的燃煤电厂、天然气处理厂及水泥厂等生产部门的烟气集中排放点源进行 CO_2 的捕获与封存（Carbon Capture and Storage，CCS）将是一种应对全球变暖问题的有效策略。

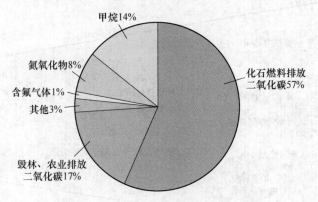

图 1.1　全球各温室气体排放体积分数

1.2　CO₂ 捕集技术概述

目前，CCS 技术是一个被广泛关注的研究领域，因为 CCS 技术提供了一个中期解决方案以减轻碳排放对环境的影响，在这项方案中人类被允许继续使用化石燃料，直至可再生能源技术发展成熟。通过 CO_2 捕获技术将排放物从工业过程中分离出来，然后将 CO_2 冷却并压缩到可以通过管道或其他方式有效运输的地方。最后将 CO_2 注入特定的地下地质构造中，在那里进行 1000 年以上的碳沉积。图 1.2 展示了 CCS 各项技术的发展概况。

1.2.1　CO₂ 捕集技术路径

考虑到不同工业流程的燃料燃烧模式和以最大程度改善 CO_2 捕集效率，有三种技术路径被广泛研究，即燃烧前捕集、燃烧后捕集和纯氧燃烧，如图 1.3 所示。燃烧前捕集适用于燃气设备，燃烧后捕集主要适用于空气助燃的燃煤锅炉，而纯氧燃烧更适用于新建工厂或者大规模改造的现有工厂。此外，还有直接空气捕集和化学循环燃烧捕集等技术路径。

在燃烧前捕集中，CO_2 的捕获和分离过程发生在燃料燃烧之前。在该过程中，先在水煤气变换重整器中处理化石燃料产生的合成气，再通过蒸汽重整转化成 H_2 和 CO_2，最后脱除 CO_2 成为一种无碳燃料。之后，H_2 可以供给燃气轮机或者燃料电池装置使用。通常该工艺流程中具有较高浓度的 CO_2，以及 2~7 MPa 高压和 200~400 ℃ 高温的条件。据报道，蒸汽重整后的合成气含有 64%~73% 的

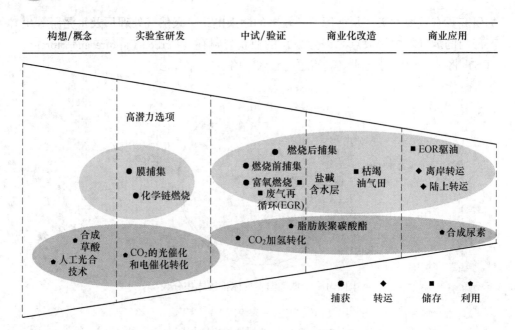

图 1.2   CCS 各项技术的发展概况

H_2 和 20%~23%的 CO_2。燃烧前捕获技术应用范围相对较窄，并且需要额外的复杂辅助系统。但是较高的 CO_2 分压使分离效率更高，而且相关技术已经比较成熟，只是很少被用于 CO_2 捕集工艺中。该技术已经被应用于合成气、氨气和氢气生产。当合成气用于为类似于传统联合循环发电厂提供燃料时，该过程称为集成气化联合循环（Integrated Gasification Combined Cycle，IGCC）。位于北京的绿色煤电 250 MW 级 IGCC 项目已于 2011 年投入运营，已成为世界上第一个通过燃烧前捕集来分离 CO_2 的电站。

    燃烧后捕集是作用于燃煤锅炉的烟气末端的技术，由于燃料被过量的空气完全燃烧，其主要是从多组分气体中分离出 CO_2。一个典型的燃煤电站锅炉的烟气成分，主要包含 N_2（约72%）、CO_2（约41%）、H_2O（约11%）、O_2（约4%），以及微量的 SO_2（50×10^{-4}%~100×10^{-4}%）和 NO_x（150×10^{-4}%~300×10^{-4}%）。大多数燃煤锅炉都配备了除尘器、脱硫塔和脱硝反应器，因而只需要在现有的烟气系统中添加一套简单的捕获分离 CO_2 的设备即可。但是烟道中的 CO_2 分压低，高效捕获和分离后的加压压缩难度大。尽管存在这种困难，但燃烧后捕集在近年来仍被认为是具有最大的碳减排潜力的技术。因为除了需要改造的系统简单而投资较少以外，该技术拥有最广泛的应用范围，现有的燃煤锅炉几乎都适用。位于山东的中石化齐鲁第二化肥厂的胜利油田 EOR 项目采用了商业化的燃烧后捕集技术，并于 2017 年投入运行。

    纯氧燃烧技术是使用纯氧作为助燃气体，在燃烧过程中进行改变的 CO_2 捕集

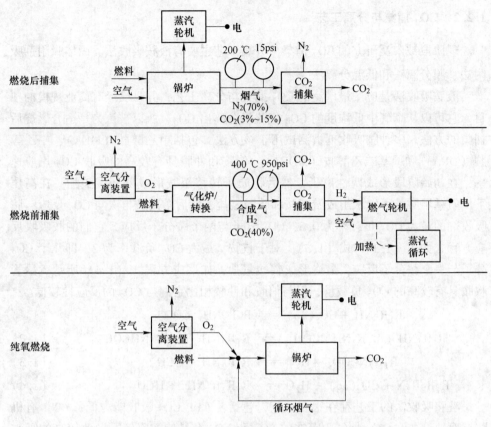

图 1.3　燃烧前捕集、燃烧后捕集和纯氧燃烧技术示意图

技术。为了保持炉内温度低于安全值，燃料在纯氧和部分循环回收的浓 CO_2 气体混合环境下燃烧。CO_2 再循环的过程是必须的，因为目前可用的锅炉金属材料不能承受由纯氧燃烧产生的高温。燃烧后产生了浓度约为 90% 的高纯度 CO_2，不需要进一步分离就可以直接压缩用于储存和运输。其优势在于可以缩小锅炉的尺寸，并且不需要从复杂的多组分气体中分离 CO_2，只需要冷凝除水即可廉价地净化 CO_2。缺点是该技术只适用于新建锅炉，并且废气中的 SO_2 浓度高，容易腐蚀设备。此外，现有的制造助燃纯氧的氧气分离设备将消耗大量的能源，导致成本较高而影响经济利益。因为该技术还不够成熟，目前只有示范水平的纯氧燃烧电站。在过去的十年里，一些示范规模的项目取得了成功，如澳大利亚的 Calide 纯氧燃烧项目和欧洲的 Whiterose 项目。总之，虽然燃烧后捕集作为最具发展前景的一种技术路径的可行性极高，但仍需要在具体 CO_2 捕集与分离的工艺方面做出进一步研究。因此，开发具有低成本、低能耗和高效率的燃烧后 CO_2 捕集和分离的工艺成为热点研究问题。

1.2.2　CO₂ 捕集与分离工艺

现阶段被广泛研究的 CO_2 捕集与分离工艺主要有液胺吸收法、固体吸附剂吸附法、膜分离法和低温分离法。

液胺吸收法是应用最广泛的 CO_2 捕集与分离工艺，并且已经有商业规模的项目。它可以从烟气中低浓度的 CO_2 气流里分离出 CO_2，所以被认为是适合燃烧后捕集的方法。多种胺吸收剂被测试用于该方法，包括单乙醇胺（MEA）、二乙醇胺（DEA）和甲基二乙醇胺（MDEA）。伯胺和仲胺具有较高的吸收 CO_2 反应速率，在初始阶段形成两性离子，然后将质子转移至胺形成氨基甲酸酯。在高压下，氨基甲酸酯可以水解成游离胺和碳酸氢盐，然后游离胺再次与 CO_2 反应。胺吸收剂的最大 CO_2 负载率为 0.5，CO_2 分子与两个胺分子反应，它们的胺吸收反应方程式如式（1.1）~式（1.3）。对于叔胺，最大 CO_2 负载率为 2，即几个 CO_2 分子与一个胺分子反应，最终形成碳酸氢盐，如反应方程式（1.4）所示。尽管叔胺具有较高的 CO_2 负载量，但与伯胺和仲胺相比它们与 CO_2 的反应性较低。

$$R_1R_2NH + CO_2(aq) \Longrightarrow R_1R_2NH^+ COO^- \tag{1.1}$$

$$R_1R_2NH + R_1R_2NH^+ COO^- \Longrightarrow R_1R_2NH^+ + R_1R_2NHCOO^- \tag{1.2}$$

$$R_1R_2NCOO^- + H_2O \Longrightarrow R_1R_2NH + HCO_3^- \tag{1.3}$$

$$R_1R_2R_3N + CO_2(aq) + H_2O \Longrightarrow R_1R_2R_3NH^+ + HCO_3^- \tag{1.4}$$

液胺吸收法的工艺存在很多缺点，包括：（1）CO_2 吸收能力低；（2）有机胺易腐蚀设备；（3）烟气中存在的 SO_2 和 NO_x 容易使胺降解，导致较高的吸收剂补充量；（4）吸收剂高温再升过程能耗高，大约占 CO_2 捕集与分离装置总运行成本的70%。这些缺点阻碍了该方法在传统工业中的应用，而燃烧后捕集技术路径需要其他可替代的捕集与分离方法来进一步发展。

固体吸附剂吸附法的工艺已经成为工业上普遍运用的重要分离手段，例如气体提纯、空气分离和废水处理。根据吸附剂与吸附质之间的作用力不同，通常分为物理吸附和化学吸附。在物理吸附中，吸附剂与吸附质之间通过范德华力相互吸引。而化学吸附是吸附剂与吸附质发生了化学反应形成了牢固的吸附化学键和表面配合物。在气体被固体吸附剂吸附分离的过程中，绝大部分都是物理吸附。对于 CO_2 的物理吸附，也有人认为电四极距—静电场相互作用主导 CO_2 气体与固体吸附剂表面的吸附反应。CO_2 分子的电四极距的大小是 N_2 的三倍，因而 CO_2 与吸附剂的相互作用更强。因此，在 CO_2 和 N_2 的混合气体中，产生了针对 CO_2 的吸附选择性。

气体吸附的反应过程受温度和压力的影响很大，一般气体吸附量随温度的升高而降低，随压力的升高而升高。因此，可以将固体吸附剂填充在吸附床反应器中，然后设计成基于温度或压力循环变化来进行吸附和再生的工艺流程来分离气体，即变温吸附（Temperature Swing Adsorption，TSA）或变压吸附（Pressure Swing Adsorption，PSA）。如果吸附过程是在大气压力或与其相近的环境压力下进行，而脱附再生成是以减压至高度真空的方式进行，那么这种工艺流程称为真空变压吸附（Vacuum Swing Adsorption，VSA）。工业烟气的压力近似于大气压力，并且流量巨大，因而 TSA 和 VSA 的工艺流程被认为是在这种条件下 CO_2 捕集和分离的最佳选择。

膜分离法是基于不同气体和膜材料之间的物理或化学相互作用的不同来分离气体的一种工艺。驱动分离效力的是气体分子的动力学尺寸，以及膜与气体之间的热力学亲和力。与传统的液胺吸收法相比，膜分离固有的技术简洁性具有众多优点，例如所需设备的尺寸小，分离过程所需的能源消耗量低，以及没有潜在的对人和环境有毒有害的化学物质。近年来有多种类型的 CO_2 分离膜材料被广泛研究，例如聚合物膜、纤维膜、微孔无机膜和有机金属骨架膜等。但是气体的渗透性和选择性是一对矛盾关系体，其阻碍了膜技术的大规模发展。此外，燃烧后捕集中的烟气的 CO_2 浓度和压力相对较低，因而该工艺方法的 CO_2 气体分离驱动力较弱。针对现存的这些缺点，膜分离法还需要开发新型膜材料才能具有更大的发展空间。

低温分离法是采用降低温度的手段和利用冷却和冷凝的原理来蒸馏想要分离的气体，并且其已经长期应用在液体的分离领域中。该工艺只是在理论上被认为适用于分离 CO_2 气体，但在实际应用中需要消耗大量的能源用来制造低温环境，因此经济效益较差。该方法更适用于处理混合气体中 CO_2 浓度较高的情况，可以有效地提高经济性。此外，由于该方法是目前用于大规模空气生产 O_2 的最广泛的实施方法，因此也被认为适用于生产采用富氧燃烧技术锅炉的助燃 O_2。

综上所述，虽然采用固体吸附剂的物理吸附法被认为是捕获与分离工业烟气中 CO_2 的最有前景的方法，但其关键因素是具有高效率和高捕获能力的吸附剂。所以，无论是开发新的吸附剂，还是优化现有的吸附材料来用于捕集和分离 CO_2 都具有广阔的研究空间和很高的研究价值。

1.3　固体吸附剂

如果考虑在燃烧后捕集中采用固体吸附剂吸附工艺来捕集和分离烟气中的 CO_2，那么必须研究一些设计指导原则来实现有效的分离过程。实际工业生产中产生的混合气体往往具有混有大量 N_2、排放量大等特点，并且在工业生产中使用 CCS 技术捕集 CO_2 时，都会造成不同程度的成本增加和产量减少。其中，固体吸附剂吸附捕集工序约占到所有 CCS 系统成本的 75%。鉴于此，理想的 CCS

固体吸附剂应满足如下特点：高比较面积和孔体积、高吸附量、高 CO_2 吸附选择性、高吸附速率、一定的疏水性、耐腐蚀性、高机械强度、良好的热稳定性、容易实现的再生条件和良好的循环再生性能。近年来，碳基吸附剂、沸石分子筛、介孔氧化硅、金属有机骨架、类水滑石化合物等固体吸附剂被广泛研究用于吸附分离工业烟气中的 CO_2。

1.3.1 碳基吸附剂

活性炭等碳基材料很早就被用来作为吸附剂使用，其生产和应用可以追溯到 19 世纪。制备碳基吸附剂的原料多种多样，例如木材、煤、石油焦等。廉价的制备原料意味着较低的应用成本，并且该材料具有较高的比表面积、理想的孔隙结构和表面功能化的适应性，以及相对容易再生，因而碳基吸附剂被认为是最有前景的吸附剂之一。

碳基吸附剂的制备主要经历原料的碳化和活化两个步骤。碳化是将原料在无氧气氛中加热使其分解，初步形成具有一定孔隙结构的碳化物。而经过活化过程后可得到具有发达的孔隙结构和理想孔径分布的可以作为吸附剂的碳材料。与其他大部分吸附剂相比，由于碳材料的表面含有各种官能团和无机杂质，致使其表面具有非极性的特点。碳材料具有一定的疏水性，因此商用活性炭是唯一在空气分离与净化等应用中，无需在操作之前进行干燥预处理的吸附材料。碳材料具有巨大的孔体积，因而比其他吸附剂吸附非极性和弱极性有机分子的吸附性能强。另外，碳材料吸附剂与吸附质之间的作用力主要是非特异性作用力和范德华力。所以其吸附热较低，并且被吸附的吸附质分子容易脱除，导致吸附剂再生所需要的能耗低。为了提高吸附分离 CO_2 气体的应用的效果，多种碳基吸附剂孔结构调节方法和材料的形貌结构被广泛探索。例如，微孔碳、有序介孔碳、多级孔碳、碳纳米管（Carbon Nanotubes，CNTs）和活性炭纤维（Activated Carbon Fibers，ACFs）等。图 1.4 展示了多级孔碳 CO_2 吸附剂的示意结构。

1.3.2 沸石分子筛

沸石的概念是由瑞典矿物学家 Cronstedt 在 1756 年发现辉沸石后提出来的，并且随后大量的天然沸石被发现。沸石是一种硅铝酸盐晶体，是由 SiO_4 和 $[AlO_4]^-$ 四面体组成的三维的相互连通的笼和多孔的骨架结构，硅氧四面体和铝氧四面体组通过共享氧原子构成沸石的基本骨架，由于 Al 和 Si 的价态差异，需要额外的金属阳离子弥补电荷赤字，因此各类型的沸石又区分不同的阳离子类型。为了平衡沸石骨架中的负电荷，在骨架外的空间存在金属阳离子，例如 Li^+、Na^+、K^+、Ca^{2+}、Ba^{2+}、Cu^{2+} 和 Zn^{2+} 等。图 1.5 展示了三种典型的沸石晶体结构。其孔隙丰富且孔分布均一，并且特定尺寸和结构的孔隙使其对气体分子具有良好

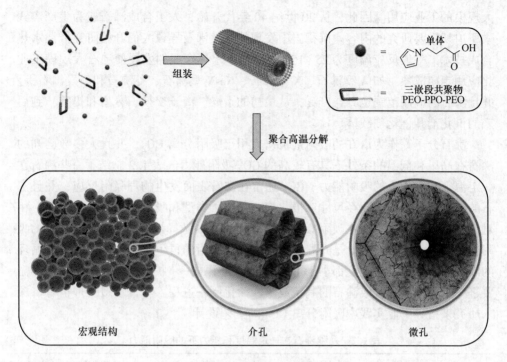

图 1.4 多级孔碳 CO_2 吸附剂示意图

的吸附选择性。孔径分布和选择性的特点，以及适合于吸附分离各种分子和离子的应用，使得沸石也被称为沸石分子筛。

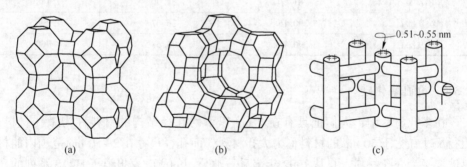

图 1.5 典型沸石结构示意图
（a）A 型沸石；（b）八面沸石；（c）ZSM-5 型沸石

已被发现的天然沸石已超过 40 种，在我国的地质勘探工作中发现了大量的丝光沸石和斜发沸石矿床，此外还有方沸石、片沸石、钠沸石和钠菱沸石等许多品种。最初天然沸石被发现可以迅速地吸附水、甲醇、乙醇和甲酸蒸汽，从而被用作吸附剂和干燥剂。随着越来越多的气体分子被发现可以被沸石吸附分离，以及沸石分子筛在空气分离和气体纯化中的普遍应用，致使天然沸石已经不能满足大规模的工业应用。因此，从 20 世纪 40 年代开始，人工合成沸石成为生产实践中所迫切需要研究的内容。沉积岩中发现的天然沸石导致人们开始研究低温水热合成技术，一般反应温度为 25~150 ℃。低温水热合成的发展使沸石大规模工业化应用走向成熟，如 A 型沸石、X 型沸石、Na-Y 型沸石、菱沸石和斜发沸石等。并且沸石的应用范围也日益广泛，从最初的干燥、离子交换、分离和提纯，到后来的催化剂和催化剂载体。

沸石分子筛作为潜在的吸附剂被研究用于吸附分离 CO_2，并且大多数已知的沸石在高压和低温的条件下具有较高的 CO_2 吸附能力。表 1.2 总结了一些沸石在一定温度和压力下的吸附能力。CO_2 通常在沸石表面发生物理吸附反应，并且沸石的吸附能力取决于孔径尺寸、极化率、阳离子类型和吸附分子极性与尺寸。相对于其他吸附剂，沸石在吸附 CO_2 方面具有较高的选择性，同时也具有很高的吸附能力和再生能力。无论是升温脱附还是真空脱附的再生过程，经历过多个循环的沸石的不可逆吸附程度都小于 10%。但是为了进一步扩大工业应用的规模，需要进一步降低人工合成沸石的制备成本和简化制备过程，并且吸附机理也有待深入研究来指导工业实践中吸附分离 CO_2 的工艺设计。

表 1.2 几种沸石在一定温度和压力下的吸附能力

沸石种类	温度/K	吸附压力/kPa	吸附量/mmol · g^{-1}
13X	303.00	2000.00	5.500
5A	373.00	1000.00	3.551
H-ZSM-5	281.00	82.00	2.148
丝光沸石	290.15	26.67	1.800
斜发沸石	290.15	26.67	1.700

1.3.3 介孔氧化硅

在多孔材料中，人们把具有在 2 nm 以下的孔径结构的材料称为微孔材料，孔径尺寸在大于 50 nm 的材料称为大孔材料，而孔径尺寸在 2~50 nm 范围内的材料被定义为介孔材料。自从 1992 年美孚石油公司的科学家报道了 M41S 系列的介孔氧化硅材料开始，有序介孔分子筛成为一个热门研究领域。图 1.6 展示了几种介孔硅材料结构。由于其具有巨大的比表面积和孔体积，介孔材料的应用范围也从最初的分离、提纯和催化剂扩展到诸如半导体催化剂、光学器件、药物递送、气体和液体吸附与生物技术等领域。这种材料采用模板剂原理和界面协同自组装的方法来制备。利用模板剂形成同时具有亲水端和疏水端的胶束，并且胶束的形状由溶剂种类和模板剂浓度决定，可以是柱状、层状和球状。模板剂也被称为表面活性剂或结构导向剂，它的浓度较低时硅源自组装为胶束，而高浓度时形成液晶。人们通过改变模板剂种类、加入添加剂以及调变其他合成条件，合成出了各类孔结构和孔尺寸的介孔氧化硅。

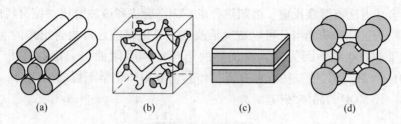

图 1.6 介孔氧化硅结构

(a) MCM-41，SBA-15；(b) MCM-48；(c) MCM-50；(d) SBA-16

　　在众多介孔氧化硅中，MCM-41、MCM-48 和 SBA-16 被认为是适合分离 CO_2 的吸附剂材料。纯的 MCM-41 和 MCM-48 被测试出其 CO_2 吸附量分别为 0.7 ~ 1.5 mmol/g 和 0.8 mmol/g，并且学界普遍认为 MCM-41 有更高的吸附能力可能归因于其孔道系统的形状。在 140 ℃结晶 2 天的纯 SBA-16 被报道了其在 3 MPa 下的 CO_2、CH_4 和 N_2 吸附量分别为 7 mmol/g、2 mmol/g 和 1 mmol/g。然而，纯的介孔氧化硅没有与 CO_2 强烈相互作用的强吸附位点，因为氧化硅表面的羟基不能诱导与 CO_2 的强烈作用。因此，将氨基官能团引入介孔氧化硅中形成复合材料来增加吸附剂与吸附质之间的相互作用被广泛研究。微孔的二氧化硅因为孔道空间过小，无法将如氨基硅烷这种大分子嫁接到其孔壁。而有序介孔氧化硅拥有相对较大且又均匀的孔道，使氨基引入后的孔道尺寸适合 CO_2 的吸附分离。引入氨基的方法也称作氨基功能化改性，一般有浸渍、合成后嫁接、直接共缩合和阴离子表面活性剂模板法等方法。这些方法都是为了提高介孔氧化硅材料的 CO_2 吸附能力和吸附选择性，并且引入的氨基带来了化学吸附位点而提高了其吸附过程适合的操作温度。

　　虽然介孔氧化硅材料拥有众多优势，而且适于 CO_2 吸附分离的改性方法也被大量研究。但是由于其孔壁结构是无定形的非晶体而存在固有的劣势，比如低水热稳定性和低酸性。此外，引入功能更强的氨基化合物和提高氨基位点的 CO_2 吸附效率是未来研究的重点内容。

1.3.4 金属有机骨架

　　从 21 世纪初，金属有机骨架（Metal Organic Framework，MOF）作为一种新的多孔晶体材料得到了研究者的关注，MOF 材料的合成和应用迅速地发展成为材料科学中最具活力的领域之一。典型的 MOF 材料含有无机金属节点，而这些节点通过有机单元配体连接成被强配位键组装的网络结构。MOF 具有几何学和晶体学上良好的骨架结构，这些强配位键组成的坚固结构足以允许储存和移除所包含的客体物质而导致永久的孔隙。MOF 具有高比表面积和孔隙率，并且通常在温和的条件下与各种金属离子和有机物之间发生自组装反应来合成。已经开发出来的合成方法有溶液反应、溶剂热合成、固态合成和微波合成。该材料的几何形状、结构尺寸和功能组分可以被灵活改变，导致目前已经报告出来的 MOF 种类超过了 20000 种。因为其具有优异的选择性和吸附能力，特别适用于吸附 CO_2、H_2、CH_4 和其他一些有毒有害气体，也被用作化学工程的催化剂。图 1.7 展示了一种 MOF 的晶体结构。

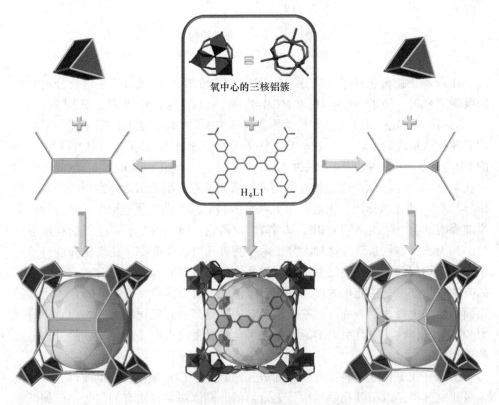

图 1.7   Al-soc-MOF 的晶体结构示意图

用于捕获 CO_2 的 MOF 吸附剂在结构中心具有可用的吸附位空间，这是因为其分子是相互缠绕的。它还拥有很大的体积结构，因为孔道附着在有机分子和金属离子的连接处。有报道指出，Mg-MOF-74 在 298 K 和 0.1 MPa 下吸附 CO_2 的质量分数为 37%，在 296 K 和 0.01 MPa 下吸附 CO_2 的质量分数为 23.6%，并且其极高的吸附性能可能与 CO_2 的氧弧对轨道与配位不饱和金属离子之间的强相互作用有关。其他种类的适合吸附分离 CO_2 的 MOF 也被报道，例如 MOF-2、MOF-505、$Cu_3(BTC)_2$、IRMOF-3 和 MOF-177 等，并且孔道中具有氨基官能团的 MOF 可以增加与 CO_2 相互作用的亲和力。

虽然 MOF 在高压下具有非常高的 CO_2 吸附性能，但是与其他固体吸附剂相比在 CO_2 的低分压下，大多数 MOF 具有差的 CO_2 捕获性能。并且以目前的吸附分离工艺流程来考量，维持高分压在经济上是不可行的。需要开发经济可行的 MOF，以便有效捕集和分离大量的 CO_2。此外，由有机配体合成金属配合物 MOF 通常十分昂贵，并且合成过程复杂。由于 MOF 在 CO_2 捕获期间也同时吸附水分，而出现耐久性和机械强度问题。因此，MOF 在吸附分离工业烟气中 CO_2 的使用是有限的。类水滑石化合物是一种阴离子黏土，由于其层状的结构特征也被称为层状双氢氧化物（Layered Double Hydroxide，LDH）。类水滑石化合物是一类由带正电荷的类水镁石层组成的离子层状化合物，层间含有用于电荷补偿的阴离子和水分子。类水滑石化合物对 CO_2 具有一定的吸附性。除此之外，还具有记忆效应，即在加热到一定温度时的产物，在合适的条件下可恢复到接近初始的有序结构状态，利于循环吸附和脱附。但水滑石类化合物对使用温度要求较高。LDH 材料的化学成分用通式 $[M_{1-x}^{2+}M_x^{3+}(OH)_2]^{x+}[A^{n-}]_{x/n} \cdot mH_2O$ 表示，其中 A^{n-} 是具有 n 个负电荷的各种层间无机阴离子或有机阴离子，x 是 $M^{3+}/(M^{2+}+M^{3+})$ 的比值，并且纯水滑石的合成需要 x 在 $0.1\sim0.33$ 的范围内，m 是层间水分子的数量，并且等于 $(1-3x/2-\Delta)$，其中 M^{3+} 低于 0.125。图 1.8 展示了 $[Mg\text{-}Al\text{-}CO_3]$ 层状双氢氧化物结构。

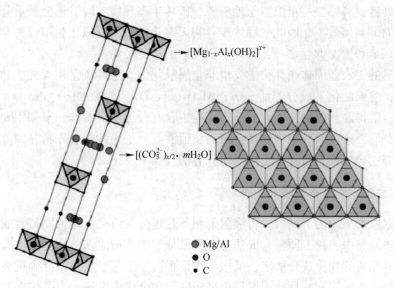

图 1.8 $[Mg\text{-}Al\text{-}CO_3]$ 层状双氢氧化物结构示意图

碳酸根类型的 LDH 材料表面具有高比表面积和丰富的碱性位点，这将有利于吸附酸性气体 CO_2。经过加热处理的 LDH 失去层间的水、羟基和阴离子，而形成了层状双氧化物（Layered Double Oxide，LDO）。LDO 可以与吸附的 CO_2 和水反应再恢复成 LDH 的结构，这种特有的"记忆效应"大大增加了其 CO_2 吸附能力。并且与其他吸附剂相比，烟气中水的存在不但不会降低其 CO_2 吸附性能，反而增加了吸附性能。[$Mg\text{-}Al\text{-}CO_3$] 层状双氢氧化物被报道在 200 ℃ 左右具有最佳的 CO_2 吸附性能，并且适合在 400 ℃ 下再生脱碳，因此它也被认为是中温 CO_2 吸附剂。然而，虽然人们已经努力从合成方法、金属离子类型、碱金属离子掺杂以及与其他材料合成复合材料几个方面来提高其吸附能力，但这种材料相对较低的 CO_2 吸附能力是一个限制其发展的问题。此外，在 CO_2 吸附和脱附循环期间需要增强 LDH 的长期稳定性，这对于实际应用的发展也是至关重要的。

1.4　废弃物制备吸附剂研究现状

固体废物是指在生产、消费、生活和其他人类活动中失去原有利用价值而被遗弃的固体和半固体废物。根据其来源，固体废物可以分类为工业固体废物（尾矿、煤矸石、粉煤灰、冶金渣等）、农业固体废弃物（生物质废弃物等）、城市固体废物和其他危险废物（电子和电气废物、废塑料、医疗废物等）。全球经济的发展伴随着大量有害的固体废物的产生，全球每年产生的固体废物高达 110 亿吨，而且这个数字还在不断增加。如此巨量的固体废弃物不断累积，倘若得不到妥当的处置，势必会严重浪费土地资源，破坏生态环境，同时还会严重降低资源的生命周期利用效率。因此，固体废弃物无害化处理和资源化利用成为全球亟待解决的环境和资源课题之一，得到了研究者的广泛关注。

常见的工农业固体废弃物主要由非金属氧化物、金属氧化物碳酸盐和其他成分组成，主要的化学成分包括 SiO_2、Al_2O_3、Fe_2O_3、CaO、MgO、Na_2O、K_2O 和有机物。值得注意的是，工业固体废弃物中含有较为丰富的硅元素和铝元素，加之易于获取，这使其成为规模化合成高价值沸石分子筛的理想原料。因此，利用固体废弃物合成沸石得到了全世界研究者的广泛关注。

1.4.1　金属矿渣制备吸附剂

根据原料来源的不同可以将吸附剂制备过程分为两类：化工原料合成法和矿物合成法。其中，化工原料合成法是起源最早、工艺最成熟、应用最为普遍的方法。化工原料的物质成分稳定，反应活性也很高，工艺参数易于准确把握，但是易受原料来源的限制，且化工原料价格较高导致合成成本高。为了扩充原料的来源并且降低制备成本，研究者们正试图以金属矿渣或者工业废渣等廉价材料代替化工原料。金属矿渣需要充分活化除杂并需要多次尝试来确定最佳工艺技术参数，但是利用廉价矿物原料和工业废渣来合成沸石吸附剂，能大幅度降低成本，同时充分利用丰富的非金属矿物资源及废弃的矿物资源，获得高附加值的化工产品，有利于经济社会的可持续发展。随着吸附剂的需求量的增加和应用领域的拓展，利用金属矿渣和工业废渣代替化工原料制备吸附剂的趋势将不可逆转。

镍是硬质合金生产的重要原料，在钢铁、军工、航天、机械制造、化学工业、通信器材等方面有广泛的用途。目前，世界上镍矿资源的种类可以分为硫化镍矿（Nickel sulfide）和红土镍矿（Laterite nickel ore）两种。世界上已探明的镍资源当中，70%存在于红土镍矿矿床中，然而目前镍铁冶炼行业中的原材料只有40%来自红土镍矿，剩下的60%来自硫化镍矿。由于硫化镍矿不断减少，以及镍需求的不断增长，红土镍矿已经成为国际上镍资源开发的重点。

红土镍矿是含镁铁硅酸盐矿物的超基性岩经长期风化产生的，是由铁、铝、硅等含水氧化物组成的疏松的黏土状氧化矿石，由于红土镍矿矿床风化后铁被氧化成三价铁离子，故矿石显红色，所以称红土镍矿。地球上的红土镍矿资源丰富，具有采矿成本低、工艺流程逐渐成熟等优势，被用作生产氧化镍、镍铁、不锈钢等多种中间产品的原材料，红土镍矿是未来镍铁冶炼资源的主要来源。

目前，世界上红土镍矿的处理工艺归纳起来主要有两类：火法工艺和湿法工艺。但是，这两种方法都会产生大量的冶炼废渣，这些未经处理的大量的镍铁废渣堆积过程中占地面积大，同时还会对生态造成危害，导致资源的浪费。其中，回转窑-电炉还原熔炼工艺（Rotary Klin Electric Furnace，RKEF）是当今被业界广泛应用的一种火法冶炼技术。火法冶金冶炼镍铁的工艺主要分为以下几个工序：干燥、焙烧-预还原、电炉熔炼和精炼。其工艺流程如图1.9所示。

RKEF是国内镍铁冶炼采用的主要工艺，与其他冶炼方法（如湿法冶金）相比，具有产量大、能源消耗低、生产连续性好、操作简单等优点。由于红土镍矿的品位低，RKEF工艺的冶炼渣比大，会产生大量的镍铁矿渣，其数量甚至高出其他有色冶金废渣的总和（如铜、锰等废渣）。红土镍矿冶炼铁废渣与其他冶金废渣相比，具有有价金属回收值低、冶炼废渣排放量高等特点，成为目前我国冶炼废渣处理的一个巨大难题。大量未经处理的镍铁废渣的堆置和填埋，在占用大量土地的同时还会给环境带来严重的污染，这给我国镍铁

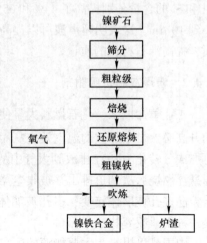

图1.9 回转窑-电炉还原熔炼工艺流程图

冶炼行业的可持续发展带来严峻挑战。目前，现有的镍铁矿渣的综合利用主要受多方面因素的制约。首先，镍铁渣中可回收有价金属含量较少。镍铁渣中主要成分为硅、镁元素，因此回收利用成本较高，现有的综合利用渠道少，如今对红土

冶炼镍铁废渣的研究依然集中在经济附加值较低的建材方面。其次，红土镍矿冶炼铁废渣的硬度较高，比较耐磨。镍铁渣中的镁橄榄石、石英石等成分使得其在磨细过程中需要消耗很多能源，增加了成本，这也是不利于其高附加值综合利用的一个重要原因。最后，镍铁渣中含有一定量的重金属元素，其中铬元素含量最高，主要以 Cr_2O_3 的形式存在，占比在 1%~2%。而六价铬 $Cr(VI)$ 又是环保评价中的一个重要因素，此在镍铁渣综合利用的过程当中，必须正视六价铬的浸出问题，若是不经处置直接堆填埋，不但占用了大量的土地面积，还会对周围环境造成污染。

镍铁渣排放量巨大的问题已经严重影响到我国行业可持续发展。红土镍矿冶炼镍铁废渣制备吸附剂的研究，可以为全国乃至世界范围内大量镍铁冶炼渣的无害化处理以及资源化利用提供坚实的基础。Fang 等人以红土镍矿冶金渣为原料，通过碱焙烧和水浸工艺从 NaOH 基熔盐中的炉渣中提取 Si 和 Al 以制备沸石材料。SiO_2 的提取率随温度升高和适当延长时间而增加。经 550 ℃ 焙烧后，SiO_2 回收率可到达 80% 以上。在碱渣焙烧过程中加入 Na_2CO_3 可以减少 NaOH 的用量。尽管这会导致 SiO_2 的萃取率有轻微的降低，但可以更好地分离 Ca，避免 Ca 进入滤液。在碱化焙烧过程中加入 Al_2O_3 可以代替制备沸石材料所需的部分较昂贵的偏铝酸钠（$NaAlO_2$）添加物。该研究充分证明以从红土镍渣中回收含 Si 和 Al 的起始液合成优质 X 沸石和 4A 沸石材料。Zhang 则通过碱焙烧和水浸从红土镍矿冶金渣回收硅铝的过程中引入了超声处理。结果表明，经过超声波处理的过滤液中 Al 和 Si 的含量分别提高了 44% 和 65%；浸出渣更细、更均匀，粒径由 100 μm 减小到 10 μm。这表明超声波可以提高铝和硅的浸出效率，从而更好地回收有价金属，提高沸石材料的质量。

1.4.2　粉煤灰制备吸附剂

工业革命以来，化石燃料大量使用，致使大气中的 CO_2 浓度升高。CO_2 浓度的升高必然带来严重的温室效应从而产生全球变暖现象。煤粉在锅炉中燃烧，其可燃成分转化为 CO_2 排放到大气中从而造成温室效应；而磨细的煤粉在锅炉中高温悬浮燃烧后从烟道排出并被收尘器收集，形成过程经历了多孔碳粒形成、多孔碳粒向多孔玻璃体转变、多孔玻璃体向玻璃珠转变三个阶段，也被称为粉煤灰，是一种工业废弃物。

中国是以煤炭为主要能源的国家，70% 以上的电力由煤炭产生。目前我国粉煤灰的总堆积量已超过 10 亿吨，而且还在以每年 0.8 亿~1 亿吨的增量增加。因此，我国现在已经是世界上最大的粉煤灰生产国。

粉煤灰是一种火山灰质的混合物，其主要成分为黏土矿，黏土矿中的 SiO_2 与 Al_2O_3 占据了其大部分的质量分数，另外粉煤灰中还含有少量的金属氧化物。

我国粉煤灰的化学成分主要是由 SiO_2、Al_2O_3、Fe_2O_3、CaO 等组成，其中 SiO_2 和 Al_2O_3 的含量占比达 70% 以上。粉煤灰的化学组成与燃煤类型有很大关系，受煤的产地、煤的燃烧方式和程度不同的影响，所产生的粉煤灰组分含量不尽相同。

随着我国能源消费水平的不断提升，燃煤电厂的粉煤灰排放量逐年增加，粉煤灰对环境和人体有很多危害，如果处理不当将会对环境和人类社会造成极大的破坏，目前粉煤灰的危害主要表现在以下几个方面：

（1）占用大量的土地资源。目前对粉煤灰的处理仍停留在以灰场贮灰为主，因此占用了大量的土地资源。据统计，每一万吨粉煤灰的排放就需占用一亩面积大小的场地。截至目前我国粉煤灰的堆贮量已高达亿吨，占灰场土地总面积高达数万亩，以每吨粉煤灰的综合处理费计算，我国每年仅此一项费用就高达上亿元，这种非生产性用地造成了土地资源的极大浪费，同时对经济的高速发展起到了一定的阻碍作用。

（2）大气污染。由于粉煤灰的颗粒微细、质量较轻，当遇到扬沙或者大风等恶劣天气，露天堆放的粉煤灰会在风力的作用下扬起，造成大气污染，扬灰不仅影响空间能见度，在潮湿的环境中，粉尘的大量堆积将会严重破坏建筑物等城市基础设施。此外，粉煤灰对大气的污染还会影响到人类健康，长期生活在高粉尘环境中的人类，呼吸道感染等疾病的发病率会很高。

（3）水体污染。粉煤灰将随着自然降水或风力作用进入江河湖泊，会对地下水造成二次污染。粉煤灰的渗透水使地下水受到不同程度的污染，导致水体中的有毒有害元素的增加，进而影响人类健康。而当粉煤灰直接排到河道的时候，将会产生严重堵塞。而治理湿排灰的用水量很高，对水资源造成了极大浪费。

（4）土壤污染。粉煤灰中含有大量的重金属元素，当其进入土壤中，土壤会遭到破坏，不利于生态环境的平衡和稳定，被污染的土壤会向环境输出有害污染物，地面表层的很多植被从而也会受到影响，打破了生态系统的自然循环，最终可能引起土壤资源枯竭和破坏等危害。

对粉煤灰进行回收与利用是一个必不可少的步骤。粉煤灰成分中 SiO_2（60% ~ 65%）和 Al_2O_3（25% ~ 30%）占比高的特性被认为有利于制备吸附剂，利用粉煤灰制备吸附剂也因此得到了广泛的研究。Holler 和 Wirsching 利用粉煤灰中的硅和铝元素并采用碱熔融-水热法首次合成了沸石。随后，许多研究者进行了大量的尝试去使用一步水热法利用粉煤灰合成沸石。然而，为了加速结晶反应必须施加 125 ~ 200 ℃ 的温度以溶解 SiO_2 和 Al_2O_3，这成为合成的主要阻碍。因为在这些条件下，许多较大孔和更有价值的 A 型和 X 型沸石难以形成，而可以高产率地获得钙十字沸石、Na-P1 沸石、钠菱沸石、钾菱沸石和 Linde F 等沸石。Shigemoto 等人介绍了在常规水热合成步骤之前增加一个在大于 500 ℃ 高温下的固体碱熔融的过程，即碱熔融-水热两步法。Berkgaut 和 Singe 在热处理前将粉煤灰、NaOH 和水混合成糊状，这使得粉煤灰的所有莫来石相分解，并且根据熔融材料在水热步骤之前是否熟化分别生成了沸石 X 和 Na-P1。这种两步法合成的沸石的纯度很高，仅含有少量来自粉煤灰的残余物质，如碳和 Fe_2O_3。并且在较高浓度和较长反应时间条件下有利于形成沸石 X，但在最高 NaOH 浓度下，一些方钠石会作为副产物形成。Hollman 等人开创了两阶段水热合成法，该方法与碱熔融-水热法相似。第一阶段具有提取 SiO_2 的作用，并且在更大的程度上将粉煤灰中的 Al_2O_3 溶解至 NaOH 溶液中。在第二阶段调节该溶液的硅铝比，并在小于 100 ℃的温度下进行沸石结晶过程。以这种方式制备沸石的缺点是用水量很大，会产生额外的试剂成本和相当长的晶化时间，通常大于 72 h。此外，已经证明使用微波辅助合成可以减少晶化时间。Kim 和 Lee 将这种方法与两阶段水热合成法相结合，他们将微波加热应用于该方法的两个阶段。相对于常规加热，微波辅助使 SiO_2 和 Al_2O_3 氧化铝的溶解度增加。在结晶阶段，微波辅助与常规水热相结合而产生了高纯度的 A 型沸石产品。为了避免用水量大而产生废水，Park 等人开发了一种基于盐混合物代替水溶液作为反应介质的合成方法。该方法不需要使用水，但高温和较长的活化时间在某种程度上限制了该方法的应用。

粉煤灰中存在的大量难以去除的杂质需要复杂的预处理过程和较长的晶化时间，这给合成高纯度和高产量的沸石吸附剂带来了一定阻碍。然而，利用粉煤灰来治理工业排放的气体污染物这一策略，应该被充分研究和实施来提高资源循环的经济性。

1.4.3 煤矸石制备吸附剂

煤矸石是煤炭开采和洗选过程中产生的固体废物，占煤炭总产量的 10%～15%。随着煤炭开采活动的进行，煤矸石的累积量大幅增加，成为数量最多的工业废渣之一。在中国，煤矸石的产量已累计超过 50 亿吨，并且仍在以每年 3 亿～3.5 亿吨的速度增长。煤矸石的堆积不仅占用了大量的土地资源，还导致了严重的环境问题，例如土壤污染、空气污染和地质灾害。堆积的煤矸石还存在累积热量、引发氧化自燃的隐患，并向大气中释放大量 SO_2、NO_x、CO 和其他有害气体。煤矸石长期被地表水和地下水浸泡，释放出有毒元素，通过生物积累污染周围生态系统，危害人类。此外，煤矸石的无序堆积可能引发泥石流、滑坡等严重地质灾害，威胁周边生态环境、生命财产安全。因此，发展煤矸石的综合利用以消除其对生态环境的负面影响是一项紧迫的任务。

煤矸石的化学组成主要为 SiO_2、Al_2O_3、Fe_2O_3、Na_2O、CaO、MgO 等氧化物和有机成分。煤矸石的主要矿物成分包括石英、高岭石和其他黏土矿物。Al_2O_3 与 SiO_2 的质量比可以反映煤矸石的矿物组成，可以作为确定煤矸石利用方式的依据。当 Al_2O_3 与 SiO_2 质量比小于 0.30 时，煤矸石的主要矿物成分为石英和长石，而高岭石和其他黏土矿物仅占少数。当 Al_2O_3 与 SiO_2 质量比达到 0.30~0.50 时，石英和长石含量降低，而当 Al_2O_3 与 SiO_2 质量比大于 0.50 时，煤矸石的主要矿物成分为高岭石，可作为生产高级陶瓷、煅烧高岭石和沸石的原料。

普通吸附剂的缺点是生产成本高。使用煤矸石为原料合成沸石吸附剂能大大降低吸附剂生产成本。相比之下，在 pH 值为 6 的 100 mL 氨氮废水中加入 6 g 煤矸石制成的 4A 沸石分子筛在 40 min 后，废水中氨氮的去除率为 86%（Ren，2014）。Qian 和 L 以煤矸石为原料成功合成了具有高 Ca^{2+} 交换容量（Cation Exchange Capacity，CEC）的纯单相、高结晶度 Na-A 沸石（NAZ），可以替代磷添加剂洗涤剂。Mondragon 等人成功利用煤矸石合成了吸附容量为 70%~80% 的商用 13X 沸石。虽然传统水热合成沸石的方法操作方便，但合成的产品结晶度低、杂质多，产品的粒度受原始煤矸石颗粒的影响较大。与传统的水热合成方法相比，碱熔融-水热法可以将原料中难溶的莫来石和石英在水热处理前转化为铝硅酸盐，大大提高反应体系中硅和铝组分的活性。Inada 等人发现，煤矸石进料中的硅铝比影响分子筛的产品类型，溶液的碱度越大，硅铝的萃取效率越高。现有的研究已经表明煤矸石具有作为合成沸石原料的巨大潜力。然而，煤矸石分子筛的制备和应用研究却还有巨大的提升空间，尤其是煤矸石沸石化过程中的某些机理仍有待探索。

1.4.4　生物质废弃物制备吸附剂

以粮食生产为中心的人类农业活动生产了大量的生物质废弃物。据预测，全球农业每年产生约 $3.7×10^9$ t 生物质废弃物。传统的生物质废弃物的处理方式通常为焚烧或填埋，这会造成空气、土壤和水体污染等问题。水稻作为当今世界主要的粮食作物，其种植范围较广并且产量较大，根据联合国粮食及农业组织统计数据显示，2016 年全世界水稻产量为 7.41 亿吨，由于气候等外在原因，每年水稻产量略有波动，但一般保持在 7 亿吨以上。随着我国以及世界人口的持续增长，水稻的需求量也将持续增加。稻壳作为水稻生产的副产物，其年生成量也水涨船高。当前，稻壳的处理以焚烧为主，其中大部分稻壳被当作废物焚烧，少部分作为生物质燃料使用。玉米芯是玉米加工后的副产物，通常也被视为农业生产废弃物。我国每年玉米产量在 1.1 亿~1.3 亿吨，其加工过程会产生大约 2000 万吨的玉米芯。玉米芯的处理方式通常为焚烧或填埋，会造成空气、土壤和水体污染等问题。

在自然状态下，稻壳和玉米芯等植物类有机废弃物能通过生物降解过程实现物质循环。稻壳和玉米芯经过微生物降解后，其中含有的碳元素能够直接回归土壤或是进入大气通过植物光合作用固定为有机物。硅元素则可通过水稻的根从土壤中以硅酸盐或硅酸等可溶形式进入植物中，进而在生长过程中形成纤维素和 SiO_2 的网络结构。但考虑到这种转化过程漫长的循环周期和对土地资源的占用，仍有必要寻找新的无害化、资源化处理方式。稻壳和玉米芯除了作为燃料燃烧，还可以被用来生产炭类材料和硅类材料。稻壳中的 SiO_2 含量是农业废弃物中最高的，且稻壳中的硅元素通常以无定形 SiO_2 的形式存在，适合应用于制造陶瓷、玻璃、耐火材料和半导体材料。这使得稻壳拥有广阔的应用前景，包含制备硅芯片、催化剂、沸石、离子电池和储能电容等。玉米芯的主要成分为纤维素、多缩戊糖和木质素，这使得玉米芯在食品、医药、保健品、饲料等行业具有较高的利用价值。近年来，玉米芯的工业深加工领域不断扩大，糠醛、木糖、木糖醇、低聚木糖等一系列高附加值的产品相继实现了工业化生产。

为应对不断加重的温室效应和农业生产废弃物对生态环境造成的双重威胁，研究人员探索了利用农业生产废弃物制备吸附剂的新的资源化利用技术路径。各种农业废弃物如玉米芯和稻壳等已被用作廉价原料来合成吸附剂。Nur 将稻壳浸入到 NaOH 中在高压反应釜中提取硅，同时在大气环境压力下加热溶解稻壳灰来提取硅。然后将所得硅酸钠溶液与铝酸钠溶液混合，并在 100 ℃ 下晶化 5 h 得到 Na-A 型沸石。Tan 等人将稻壳烧成灰后置于 NaOH 溶液中直至完全溶解的方法得到硅酸钠溶液，并通过改变硅铝比来合成 Na-A 和 Na-Y 这两种沸石。他们指出在处理稻壳过程中不同的燃烧温度和时间对硅源的元素组成和形态有所影响，并且这将进一步影响最终的沸石产品。在碱处理过程中，反应温度、持续时间和碱浓度也对提取的硅质量和产量有一定影响。Bazargan 等人采用响应曲面法（Response Surface Methodology, RSM）和方法分析（Analysis of Variance, ANOVA）来建模分析这几个独立变量的影响。他们的分析表明，在最佳操作条件下可以提取约90%的硅，并保留80%的有机物在稻壳中。Mohamed 等人采用酸浸出的方法从稻壳灰中提取无壳形式的无定形硅源，并采用两步合成路线制备 Na-Y 和 Na-P1 沸石。他们在探索了优化合成条件后对沸石的物理化学性质进行表征，并指出两步合成路线可获得比表面积更高的沸石产物。

参 考 文 献

[1] Tan Y, Xu C, Liu D, et al. Effects of optimized N fertilization on greenhouse gas emission and crop production in the North China Plain [J]. Field Crops Research, 2017, 205: 135-146.

[2] Spada G, Galassi G. New estimates of secular sea level rise from tide gauge data and GIA modelling [J]. Geophysical Journal International, 2012, 191 (3): 1067-1094.

[3] Rebolledo-Leiva R, Angulo-Meza L, Iriarte A, et al. Joint carbon footprint assessment and data envelopment analysis for the reduction of greenhouse gas emissions in agriculture production [J]. Science of the Total Environment, 2017, 593-594: 36-46.

[4] Aiewsakun P, Katzourakis A. Endogenous viruses: Connecting recent and ancient viral evolution

［J］. Virology, 2015, 479：26-37.

［5］ Permadi D A, Sofyan A, Oanh N T K. Assessment of emissions of greenhouse gases and air pollutants in Indonesia and impacts of national policy for elimination of kerosene use in cooking ［J］. Atmospheric Environment, 2017, 154：82-94.

［6］ Ma R, Hu Z, Zhang J, et al. Reduction of greenhouse gases emissions during anoxic wastewater treatment by strengthening nitrite-dependent anaerobic methane oxidation process ［J］. Bioresource Technology, 2017, 235：211-218.

［7］ 周存宇. 大气主要温室气体源汇及其研究进展 ［J］. 生态环境, 2006 (6)：1397-1402.

［8］ Li X, Long D, Scanlon B R, et al. Climate change threatens terrestrial water storage over the Tibetan Plateau ［J］. Nature Climate Change, 2022, 12 (9)：801-807.

［9］ Kraaijenbrink P D A, Bierkens M F P, Lutz A F, et al. Impact of a global temperature rise of 1.5 degrees Celsius on Asia's glaciers ［J］. Nature, 2017, 549 (7671)：257-260.

［10］ Anderson T R, Hawkins E, Jones P D. CO_2, the greenhouse effect and global warming：from the pioneering work of Arrhenius and Callendar to today's Earth System Models ［J］. Endeavour, 2016, 40 (3)：178-187.

［11］ 王韶华. 基于低碳经济的我国能源结构优化研究 ［D］. 哈尔滨：哈尔滨工程大学, 2013.

［12］ 王智涵. 基于能源消费结构调整的中国绿色经济发展水平研究 ［D］. 沈阳：辽宁大学, 2022.

［13］ Yadav S, Mondal S S. A review on the progress and prospects of oxy-fuel carbon capture and sequestration (CCS) technology ［J］. Fuel, 2022, 308：1-19.

［14］ Markewitz P, Kuckshinrichs W, Leitner W, et al. Worldwide innovations in the development of carbon capture technologies and the utilization of CO_2 ［J］. Energy & Environmental Science, 2012, 5 (6)：7281-7305.

［15］ Figueroa J D, Fout T, Plasynski S, et al. Advances in CO_2 capture technology—The U.S. Department of Energy's Carbon Sequestration Program ［J］. International Journal of Greenhouse Gas Control, 2008, 2 (1)：9-20.

［16］ Sanz-Perez E S, Murdock C R, Didas S A, et al. Direct capture of CO_2 from ambient air ［J］. Chemical Reviews, 2016, 116 (19)：11840-11876.

［17］ Liu H, Gallagher K S. Driving carbon capture and storage forward in China ［J］. Energy Procedia, 2009, 1 (1)：3877-3884.

［18］ Favre E. Membrane processes and postcombustion carbon dioxide capture：Challenges and prospects ［J］. Chemical Engineering Journal, 2011, 171 (3)：782-793.

［19］ Theo W L, Lim J S, Hashim H, et al. Review of pre-combustion capture and ionic liquid in carbon capture and storage ［J］. Applied Energy, 2016, 183：1633-1663.

［20］ Hanak D P, Anthony E J, Manovic V. A review of developments in pilot-plant testing and modelling of calcium looping process for CO_2 capture from power generation systems ［J］. Energy & Environmental Science, 2015, 8 (8)：2199-2249.

［21］王义松. 利用稻壳灰制备沸石及其 CO_2 吸附性能研究［D］. 沈阳：东北大学，2019.

［22］Samanta A，Zhao A，Shimizu G K H，et al. Post-Combustion CO_2 capture using solid sorbents：A review［J］. Industrial & Engineering Chemistry Research，2012，51（4）：1438-1463.

［23］Lee C H，Hyeon D H，Jung H et al. Effects of pore structure and PEI impregnation on carbon dioxide adsorption by ZSM-5 zeolites［J］. Journal of Industrial and Engineering Chemistry，2015，23：251-256.

［24］Strube R，Manfrida G. CO_2 capture in coal-fired power plants-Impact on plant performance［J］. International Journal of Greenhouse Gas Control，2011，5（4）：710-726.

［25］Goulding T A，De Orte M R，Szalaj D，et al. Assessment of the environmental impacts of ocean acidification（OA）and carbon capture and storage（CCS）leaks using the amphipod Hyale youngi［J］. Ecotoxicology，2017，26（4）：521-533.

［26］Sircar S. Publications on adsorption science and technology［J］. Adsorption-Journal of the International Adsorption Society，2000，6（4）：359-365.

［27］To J W F，He J，Mei J，et al. Hierarchical N-doped carbon as CO_2 adsorbent with high CO_2 selectivity from rationally designed polypyrrole precursor［J］. Journal of the American Chemical Society，2016，138（3）：1001-1009.

［28］Bonenfant D，Kharoune M，Niquette P，et al. Advances in principal factors influencing carbon dioxide adsorption on zeolites［J］. Science and Technology of Advanced Materials，2008，9（1）：013007.

［29］Cheung O，Hedin N. Zeolites and related sorbents with narrow pores for CO_2 separation from flue gas［J］. Rsc Advances，2014，4（28）：14480-14494.

［30］Chew T L，Ahmad A L，Bhatia S. Ordered mesoporous silica（OMS）as an adsorbent and membrane for separation of carbon dioxide（CO_2）［J］. Advances in Colloid and Interface Science，2010，153（1）：43-57.

［31］Sun Y，Liu X W，Su W，et al. Studies on ordered mesoporous materials for potential environmental and clean energy applications［J］. Applied Surface Science，2007，253（13）：5650-5655.

［32］Liang W，D'Alessandro D M. Microwave-assisted solvothermal synthesis of zirconium oxide based metal-organic frameworks［J］. Chemical Communications，2013，49（35）：3706-3708.

［33］Alezi D，Belmabkhout Y，Suyetin M，et al. MOF crystal chemistry paving the way to gas storage needs：Aluminum-based soc-MOF for CH_4，O_2，and CO_2 storage［J］. Journal of the American Chemical Society，2015，137：13308-13318.

［34］Millward A R，Yaghi O M. Metal-organic frameworks with exceptionally high capacity for storage of carbon dioxide at room temperature［J］. Journal of the American Chemical Society，2005，127（51）：17998-17999.

［35］Parida K，Das J. Mg/Al hydrotalcites：preparation，characterisation and ketonisation of acetic acid［J］. Journal of Molecular Catalysis A：Chemical，2000，151（1）：185-192.

［36］Shivaramaiah R，Navrotsky A. Energetics of CO_2 adsorption on Mg-Al layered double hydroxides and related mixed metal oxides [J]. The Journal of Physical Chemistry C Nanomaterials & Interfaces, 2014, 118 (51): 29836-29844.

[37] Yang W S, Kim Y, Liu P K T, et al. A study by in situ techniques of the thermal evolution of the structure of a Mg-Al-CO_3 layered double hydroxide [J]. Chemical Engineering Science, 2002, 57 (15): 2945-2953.

[38] Wang Q, Luo J, Zhong Z, et al. CO_2 capture by solid adsorbents and their applications: current status and new trends [J]. Energy & Environmental Science, 2011, 4 (1): 42-55.

[39] Ferdous W, Manalo A, Siddique R, et al. Recycling of landfill wastes (tyres, plastics and glass) in construction—A review on global waste generation, performance, application and future opportunities [J]. Resources Conservation and Recycling, 2021, 173: 105745.

[40] Anuwattana R, Khummongkol P. Conventional hydrothermal synthesis of Na-A zeolite from cupola slag and aluminum sludge [J]. Journal of Hazardous Materials, 2009, 166 (1): 227-232.

[41] Zhang Z, Zhu Y, Yang T, et al. Conversion of local industrial wastes into greener cement through geopolymer technology: A case study of high-magnesium nickel slag [J]. Journal of Cleaner Production, 2017, 141: 463-471.

[42] Berkgaut V, Singer A. High capacity cation exchanger by hydrothermal zeolitization of coal fly ash [J]. Applied Clay Science, 1996, 10 (5): 369-378.

[43] Park M, Choi C L, Lim W T, et al. Molten-salt method for the synthesis of zeolitic materials I. Zeolite formation in alkaline molten-salt system [J]. Microporous and Mesoporous Materials, 2000, 37 (1): 81-89.

[44] Tan W C, Yap S Y, Matsumoto A. Synthesis and characterization of zeolites NaA and NaY from rice husk ash [J]. Adsorption-Journal of the International Adsorption Society, 2011, 17 (5): 863-868.

[45] Bazargan A, Bazargan M, McKay G. Optimization of rice husk pretreatment for energy production [J]. Renewable Energy, 2015, 77: 512-520.

[46] Mohamed R M, Mkhalid I A, Barakat M A. Rice husk ash as a renewable source for the production of zeolite NaY and its characterization [J]. Arabian Journal of Chemistry, 2015, 8 (1): 48-53.

2 金属矿渣制备吸附剂

2.1 红土镍矿酸浸渣制备系列沸石吸附剂

本案例以工业废弃物——红土镍矿酸浸渣作为硅源，添加 $NaAlO_2$ 作为铝源，采用碱熔融-水热法和两步法相结合的方式合成单一种类，且纯度很高的 4A 型沸石分子筛；再以红土镍矿酸浸渣作为硅源，廉价矿物原料——铝土矿作为铝源，采用碱熔融-水热法合成 13X 型沸石分子筛。

2.1.1 制备 4A 型沸石分子筛

经磁选后的红土镍矿渣成分主要为 SiO_2，其他杂质含量很少，主要化学组成见表 2.1。本案例主要以红土镍矿酸浸渣为原料，在添加 $NaAlO_2$ 作为铝源的情况下展开了 4A 型沸石分子筛合成研究。

表 2.1　红土镍矿酸浸渣的化学组成

成分	SiO_2	Fe_2O_3	MgO	Al_2O_3	K_2O	其余
质量分数/%	98.84	4.59	2.79	2.25	1.30	5.23

A 型沸石的结构类似于 NaCl 的晶体结构，A 型分子筛的基本结构单元是由 $[SiO_4]$ 构成的，即初级结构单元，在初级结构中每个 Si 原子用四个氧桥相互联结起来，每个氧原子桥联两个 Si 原子。根据不同的连接方式，这些初级结构单元 $[SiO_4]$ 四面体可以通过氧原子连接成多元环构成骨架结构单元 SOD 笼（或 β 笼）。β 笼的排列形式很简单，呈立方形式，彼此间由双四元环连接，在晶胞的中心围成一个 α 笼以及一个三维骨架结构。A 型沸石分子筛骨架结构示意图如图 2.1 所示。

传统一步法中矿物原料或工业废弃物的碱熔融过程与硅铝凝胶的晶化过程是同时进行的，即集成一步来完成，制备工序比较简单。由于凝胶结晶过程是在矿物原料颗粒表面进行的，因此反应结束后合成产物中会残留有矿物原料中的非玻璃态物质以及没有完全转化的玻璃态物质，这造成合成产物纯度不高，即产物是多种沸石相以及矿物原料本身所含的晶体相混合组成的，达不到单一种类沸石的性

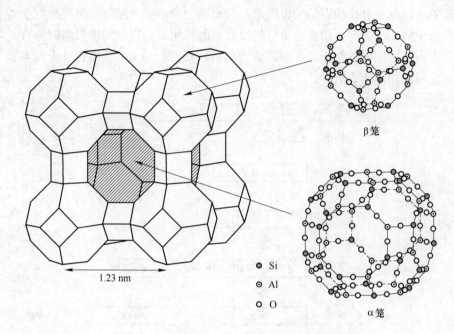

β笼

○ Si
◎ Al
○ O

α笼

图 2.1　A 型沸石分子筛骨架结构示意图

能要求，且沸石产物的产率较低，晶体粒径大小不均，从根本上限制了矿物原料和工业废弃物合成沸石的应用。

两步水热合成法是先将一定量的矿物原料或固体废弃物分散于碱液中，使石英相充分溶解于碱液中，然后过滤获取含硅和铝的硅铝酸盐上清液，根据不同沸石所要求的不同配比相应的添加硅铝源以获得硅铝凝胶，经过热水晶化反应后，得到相应的沸石产品。相对于一步法而言，两步法能够充分利用矿物质中的硅和铝，通过添加铝源得到单一类型、高纯度的沸石，与传统一步法相比，大大提高了合成沸石的转化率。

碱熔融-水热法是在传统的水热合成方法基础上发展起来的，先将活化剂如 NaOH、Na$_2$CO$_3$ 或 KOH 按一定比例加入矿物原料中，混合均匀后，在高温下保温一段时间，再把焙烧产物研磨均匀，然后加入适量的去离子水，在室温下或比室温略高的温度下强烈搅拌得到均匀的硅铝凝胶，将硅铝凝胶放置在反应釜内，根据每种沸石要求的不同，在特定温度下晶化反应时间不同，晶化完成后，将其进行过滤、洗涤、干燥，得到沸石产品。碱溶液水热合成法反应不够充分，反应活性不高，很难充分活化矿物原料中的有效成分，而碱熔融-水热法则是将均匀混合后的固体碱和矿物原料在高温下进行焙烧，使矿物原料中的大部分硅、铝成分分解，转换为硅酸钠和铝酸钠，为沸石的合成提供充足的硅源和铝源。

由于经过酸浸之后的红土镍矿渣所含的 SiO$_2$ 含量非常高，红土镍矿酸浸渣中硅的溶出率是合成沸石的关键因素，只有通过碱熔融才能够充分提取红土镍矿酸浸渣中的硅。同时，两步法可以提高沸石的转化率，得到纯度很高的沸石。

本实验所用的以红土镍矿酸浸渣为原料水热法合成 4A 型沸石分子筛实验的工艺流程图如图 2.2 所示。

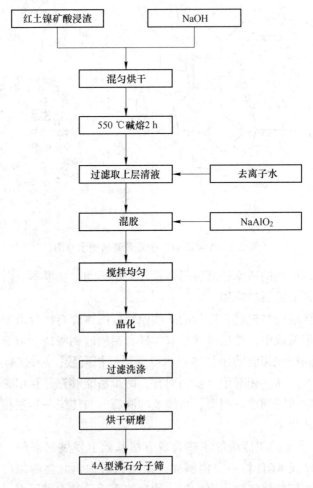

图 2.2 　红土镍矿酸浸渣和 NaAlO$_2$ 制备 4A 型沸石分子筛的工艺流程图

经过磁选的红土镍矿酸浸渣需要进行筛分。红土镍矿酸浸渣水热反应程度与渣的粒径有较大关系，渣越细，则水热反应程度越高。本实验中将磁选后的红土镍矿酸浸渣过 200 目（75 μm）筛，取筛下物进行后续实验。

以红土镍矿酸浸渣为原料合成 4A 型沸石分子筛，需要用 NaOH 或 Na$_2$CO$_3$ 作为活化剂在原料预处理阶段进行煅烧来提高沸石的结晶度。本实验采用 NaOH 作为活化剂，它的作用为：

（1）活化。它的腐蚀性强并且易于熔化，熔化后的腐蚀性更强，能溶解某些两性金属（铝、锌等）及其氧化物，也能溶解许多非金属（硅、硼等）及其氧化物，并且钠离子的穿透能力也特别强，而碱熔融就是在高温下使红土镍矿酸浸渣在碱的作用下分解为活性硅铝物质。

（2）脱碳增白。高温碱熔融焙烧还可以将红土镍矿酸浸渣残留的碳等有机质烧掉，这样不仅有利于合成沸石，还能提高产品的白度，同时使微量杂质分解。

（3）可进一步除铁，经煅烧使 Fe^{3+} 转变为 Fe^{2+}。

最适宜的煅烧温度应以脱去结构水，破坏红土镍矿酸浸渣的晶体结构，提高化学反应活性为依据。温度过低，红土镍矿酸浸渣的晶体结构不易破坏；而温度过高又会向其他晶石转变。由对照实验可知，结晶度随着碱熔融温度的变化而变化，当碱熔融温度在 550 ℃时，结晶度达到最大，当超过这个温度后，合成沸石的结晶度又开始下降。

除上述之外，从热动力学角度考虑，红土镍矿酸浸渣的粒度和煅烧时间也是影响煅烧效果的重要因素。煅烧颗粒粒度过粗，在特定时间范围内，特别是较短的煅烧时间，煅烧期间颗粒表面与内部存在温差；煅烧时间过短，在特定粒度组成范围内，特别是对粒度较粗的，煅烧期间颗粒表面与内部也存在温差。这些都将影响红土镍矿酸浸渣的活化均匀性，最终影响 4A 型沸石分子筛的转化合成。本次实验的煅烧条件为：煅烧颗粒粒度为 200 目（75 μm），煅烧时间为 2 h，煅烧温度为 550 ℃。

A 型沸石是自然界中不存在的沸石品种，其化学组成通式为：

$$Na_2O \cdot Al_2O_3 \cdot 2SiO_2 \cdot 5H_2O$$

合成 A 型沸石分子筛的反应混合物，理想的配比范围是：

$$SiO_2/Al_2O_3 = 1.3 \sim 2.4$$
$$Na_2O/SiO_2 = 0.8 \sim 3.0$$
$$H_2O/Na_2O = 35 \sim 200$$

本实验采用碱熔融-水热法与两步法相结合的思路进行 Na-A 型沸石的制备，即取碱熔融过后的样品，加入一定配比的去离子水，搅拌均匀后，进行过滤。取过滤之后的清液加入特定配比的 $NaAlO_2$，调节硅铝摩尔比。为了获得质量较高的 A 型沸石产品，在大量的实验基础上，本实验系统研究了碱度和硅铝摩尔比对合成 A 型沸石分子筛的影响，并确定了其最佳工艺技术参数：$n(SiO_2/Al_2O_3) = 2$，$n(Na_2O/SiO_2) = 1.4$，$n(H_2O/Na_2O) = 110$。

向硅铝比调节好后的样品加入蒸馏水，并均匀搅拌一定时间，直到开始晶化，这一阶段称为老化阶段。用磁力搅拌器高速搅拌均匀，物料得以进一步细化并促使水分均匀分布，混合料的塑性指数提高，有利于沸石的成核作用。经过搅拌后的样品主要为硅铝凝胶，将搅拌均匀后的药品放入干燥箱中在 100 ℃ 的条件下恒温晶化 8 h。

沸石是在碱性的环境下形成的，晶粒上必然附着大量的氢氧化物，因此必须对其洗涤，否则将影响沸石的性能，将晶化合成的产物先用蒸馏水洗涤数次，直到上清液 pH 值达到 9~10，滤干后，置于 80 ℃ 的烘箱内烘干，研磨结块，即得 A 型沸石产物。

此条件下合成的产物衍射峰具备 Na-A 型沸石的所有的特征峰，且无其他杂峰出现，峰形规则、尖锐，且峰强度大。

本实验的等温吸附线采用 NETZSCH 生产的 STA 409PC 型热重分析仪测量 4A 型沸石分子筛在常压下分别在 30 ℃、60 ℃ 时对 CO_2 和 N_2 的吸附量，进一步判断合成沸石对 CO_2/N_2 的分离能力。

先将温度升至 300 ℃ 进行活化，然后分别降至 30 ℃、60 ℃ 进行吸附测试。当测量 CO_2 的吸附量时，待温度降至 30 ℃ 和 60 ℃，将吹扫气由 N_2 切换为 CO_2；当测量 Na-A 型沸石分子筛对 N_2 的吸附量时，中途不需要切换气体。

根据以上条件，4A 型沸石分子筛在 30 ℃ 时对 CO_2 和 N_2 的吸附量如图 2.3 所示。

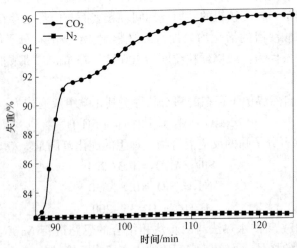

图 2.3   30 ℃ 时 4A 型沸石分子筛的吸附等温线

常压下，在 30 ℃ 时，计算可得 4A 型沸石分子筛样品对 CO_2 的吸附量为 3.803 mmol/g，对 N_2 的吸附量为 0.389 mmol/g，表明在 30 ℃ 时，合成的 4A 型沸石分子筛对 CO_2 的吸附量远远大于对 N_2 的吸附量，这是因为 CO_2 的分子极性比 N_2 大。由上图可以看出，30 ℃ 时 4A 型沸石分子筛对 CO_2/N_2 有很高的吸附选择性。

4A 型沸石分子筛在 60 ℃ 时对 CO_2 和 N_2 的吸附量如图 2.4 所示。

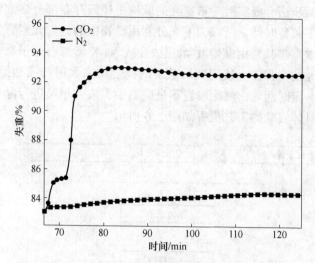

图 2.4　60 ℃时 4A 型沸石分子筛的吸附等温线

常压下，在 60 ℃时，4A 型沸石分子筛样品对 CO_2 的吸附量为 2.939 mmol/g，对 N_2 的吸附量为 0.964 mmol/g。表明在 60 ℃时，合成的 4A 型沸石分子筛对 CO_2 的吸附量仍远大于对 N_2 的吸附量。但是，随着温度的升高，4A 型沸石分子筛对 CO_2 的吸附量明显降低，而对 N_2 的吸附量却增大了。因此，温度升高，4A 型沸石分子筛对 CO_2/N_2 的吸附选择性也有所降低。

2.1.2　制备 13X 型沸石分子筛

X 型沸石是一种微孔结晶硅铝酸盐沸石，具有大的比表面积、离子交换性能优良、孔道结构独特、催化和吸附性能高效等特点，使其在环境保护、石油化工、精细化学工业、医药卫生等许多领域中用途非常广泛并具有巨大的潜力。如图 2.5 所示，X 型沸石的硅（铝）氧骨架结构与八面沸石相同，它们的结构单元和 A 型沸石一样，其排列情况和金刚石的结构类似，均为 β 笼。X 型沸石分子筛依据沸石孔道中所含阳离子类型的不同有两种名称：当所含阳离子为 Na^+ 时，称为 13X 型或 Na-X 型沸石分子筛；当所含阳离子为 Ca^{2+} 时，称为 10X 型或 Ca-X 型沸石分子筛。

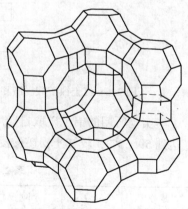

图 2.5　X 型沸石分子筛的结构

本实验以铝土矿作为铝源合成 13X 型沸石分子筛，由于铝土矿属于廉价矿物原料，而红土镍矿酸浸渣作为硅源属于工业废弃物再利用。考虑到碱熔融完成后，如果采用两步法合成实验，被遗弃的废渣中还残存有部分硅和铝，浪费了资源，同时延长了制备时间，所以为了充分利用矿物中的硅铝元素，并且提高制备沸石的效率，本章实验采用碱熔融-水热法合成 Na-X 型沸石分子筛。也即碱熔融完成后取消过滤的步骤，直接用碱熔融后的混合物加水进行强烈搅拌制备凝胶，在室温下陈化一定时间后，将凝胶置于反应釜中，放入烘箱进行晶化，洗涤过滤后得到沸石。具体实验的工艺流程如图 2.6 所示。

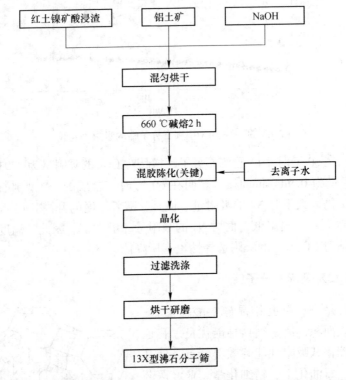

图 2.6　红土镍矿酸浸渣和铝土矿合成 13X 型沸石分子筛的工艺流程图

本实验所用的铝土矿取自印度尼西亚，铝土矿的主要化学成分为 Al_2O_3，含量达到 59.50%，较红土镍矿酸浸渣而言，杂质含量较高，详情见表 2.2。

表 2.2　铝土矿的化学组成

成分	Al_2O_3	SiO_2	Fe_2O_3	TiO_2	Na_2O	其余
质量分数/%	59.50	18.53	18.42	1.82	0.54	1.19

经过磁选后的铝土矿需要进行筛分。红土镍矿酸浸渣和铝土矿水热反应程度与渣的粒径有较大关系，渣越细，则水热反应程度越高。由于铝土矿中杂质含量比较高，所以本研究对铝土矿的粒度要求比较严格，将铝土矿过 200 目

（75 μm）筛，取筛下物进行后续实验。

在本实验中，铝土矿的主要成分是三水铝石，红土镍矿酸浸渣的主要成分是石英，而且水热反应时需要保证一定的碱度环境，因此将红土镍矿酸浸渣和铝土矿混合均匀后用 NaOH 在 600 ℃时进行碱熔融活化 2 h，可以有效提取矿物质中的硅和铝。

X 型沸石在结构上与天然八面沸石相类似，其化学组成具有下列通式：

$$Na_2O \cdot Al_2O_3 \cdot 2.5SiO_2 \cdot 6H_2O$$

合成 X 型沸石分子筛的反应混合物的组成范围比较窄，只在以下配比范围内可以生成纯 X 型沸石：

$$SiO_2/Al_2O_3 = 3 \sim 5$$
$$Na_2O/SiO_2 = 1 \sim 1.5$$
$$H_2O/Na_2O = 35 \sim 60$$

与合成 A 型和 P 型沸石分子筛不同，当合成 X 型沸石分子筛时，混胶与陈化工序非常重要。室温陈化即反应混合物在进行水热反应之前，先在室温下静置一段时间，然后再升温到晶化温度，进行晶化反应。陈化过程的目的是促进反应体系硅铝酸盐的溶解，使物料充分混合，使整个反应体系中不同硅源得到活化调整，并有利于 X 型分子筛晶核的形成。X 型分子筛的水热制备实验研究表明，当反应混合物的配比和 13X 沸石的结构配比相同时，如果不将反应体系在室温下陈化一定时间，而是直接将硅铝凝胶放置在某一温度下晶化若干时间，不论晶化反应多长时间，所得产物均为 X 型沸石与 P 型沸石或 A 型沸石的多项沸石混合物，得不到纯度高、性能好的 X 型沸石产品。经过大量实验，最终确定采用碱熔融-水热法制备单一的 13X 型沸石分子筛，最优合成条件为：$n(SiO_2/Al_2O_3) = 3.2$，$n(Na_2O/SiO_2) = 1.6$，$n(H_2O/Na_2O) = 40$，强烈搅拌均匀后，在室温下静态陈化 24 h。

沸石在水热合成体系中的晶化过程一般分为诱导期（成核作用）和晶化期（晶核长大）两个过程。在诱导期，反应体系中的凝胶开始生成晶核并成长到临界尺寸的大小；当晶体长大并超过临界尺寸大小时即进入晶化期，这个时期就是晶体生长阶段。该步骤应将陈化后的样品放入烘箱，100 ℃下晶化反应 6 h。

同 4A 型沸石分子筛的合成过程一样，13X 晶粒上必然附着大量的氢氧化物，因此必须对其洗涤，将晶化合成的产物先用蒸馏水洗涤数次，直到上清液 pH 值达到 9~10，滤干后，置于 80 ℃的烘箱内隔夜烘干，研磨结块，即得 13X 型沸石分子筛。

此条件下合成的产物衍射峰具备 Na-X 型沸石的所有的特征峰，且无其他杂峰出现，峰形规则、尖锐，且峰强度大。

13X 型沸石分子筛在 30 ℃时对 CO_2 和 N_2 的吸附量如图 2.7 所示。常压下，在 30 ℃时，13X 型沸石分子筛样品对 CO_2 的吸附量为 2.754 mmol/g，对 N_2 的吸附量为 0.428 mmol/g，表明在 30 ℃时，合成的 13X 型沸石分子筛对 CO_2 的吸附量远远大于对 N_2 的吸附量，这是因为 CO_2 的分子极性比 N_2 大。因此，可以得出结论：30 ℃时 13X 型沸石分子筛对 CO_2/N_2 有很高的吸附选择性。

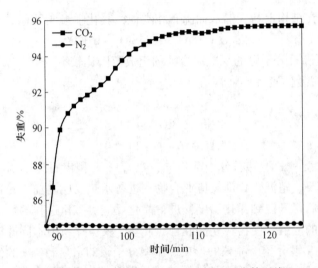

图 2.7　30 ℃时 13X 型沸石分子筛的吸附等温线

13X 型沸石分子筛在 60 ℃时对 CO_2 和 N_2 的吸附量如图 2.8 所示。常压下，在 60 ℃时，13X 型沸石分子筛样品对 CO_2 的吸附量为 2.225 mmol/g，对 N_2 的吸

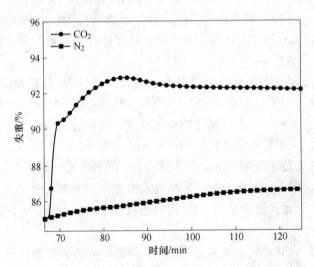

图 2.8　60 ℃时 13X 型沸石分子筛的吸附等温线

附量为 1.671 mmol/g，表明在 60 ℃时，合成的 13X 型沸石分子筛对 CO_2 的吸附量仍然大于对 N_2 的吸附量。但是，随着温度的升高，合成的 13X 型沸石分子筛对 CO_2 的吸附量有所降低，而对 N_2 的吸附量却明显增大。因此，当温度升高时，13X 型沸石分子筛对 CO_2/N_2 的吸附选择性降低。

2.2　镍铁渣制备沸石吸附剂

红土镍矿的矿石当中镍含量低，约为 1%，因此在金属镍冶炼的过程中会产生数量十分巨大的冶炼废渣。我国绝大多数的冶炼镍铁废渣为腐殖土型的红土镍矿在电炉还原熔炼镍铁不锈钢工艺过程中产生的，其原料和工艺类似，不同厂家工艺所产生的冶炼镍铁废渣成分基本一致，基本组成为 SiO_2、MgO 和 FeO，属于 $MgO \cdot FeO \cdot SiO_2$ 三元渣系。

本实验所用的原料为江苏某厂的固体废弃物——红土镍矿冶炼镍铁废渣。采用日本理学公司所产的 ZSXPrimus II 型 XRF 衍射分析仪对其的化学成分进行分析，分析结果见表 2.3。

表 2.3　红土镍矿冶炼镍铁废渣的主要化学组成

成分	SiO_2	MgO	CaO	Al_2O_3	TFe	Ni	Cr_2O_3
含量/%	54.36	30.96	1.03	5.19	3.89	0.034	0.76

由表 2.3 可知，本实验所采用镍铁渣的成分主要由硅、镁、铝三种元素组成，为 $MgO \cdot FeO \cdot SiO_2$ 三元渣系，三者成分之和约占镍铁渣总质量 90.51%，其他杂质含量较少，能够为合成 4A 型沸石分子筛提供丰富的硅源，具有很高的利用潜力。

为了利用其中的硅元素作为合成沸石的原材料，必须对废渣中硅元素的提取分离进行研究。根据 SiO_2 的化学性质，SiO_2 容易与碱发生化学反应，而碱又不与镍铁渣中的 Fe_2O_3、NiO 发生反应，其中的 MgO 杂质虽然与强碱发生反应，但是生成的 $Mg(OH)_2$ 又是沉淀，过滤之后溶液即为硅酸钠溶液，可以直接作为合成 4A 型沸石分子筛的原料。其工艺流程如图 2.9 所示。

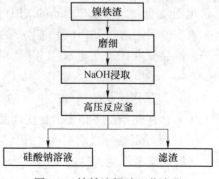

图 2.9　镍铁渣提硅工艺流程

上述实验通过高浓度 NaOH 溶液浸渍的方法运用高压反应釜在高温搅拌的条件下成功地提取了红土镍矿冶炼镍铁废渣中的硅元素，并通过大量实验探究了反应温度、NaOH 浓度、反应时间、液固比、搅拌速率等因素对 SiO_2 提取率造成的影响。通过大量的实验对比，最后可以确定硅元素提取率的最优条件如下：在搅拌强度为 1000 r/min，NaOH 浓度为 60%，液固比为 6：1，反应时间为 90 min，反应温度为 220 ℃时 SiO_2 提取率达到 76.72%。

经过上述实验，红土镍矿冶炼镍铁废渣经过碱浸提取之后，其 SiO_2 进一步得到富集，经过离心分离之后得到了高浓度的硅酸钠溶液，而硅酸钠溶液正是制备高纯度 4A 型沸石分子筛的原材料。后续实验所采用的红土镍矿冶炼镍铁废渣经过碱浸提取后的高浓度硅酸钠碱溶液作为其硅源，同时添加偏铝酸钠作为铝源，在碱性条件下通过水热合成法制备 4A 型沸石分子筛，其工艺流程如图 2.10 所示。

通过上述实验，对利用红土镍矿冶炼镍铁废渣所合成 4A 型沸石分子筛的合成条件进行了探讨，得到了其最优合成条件即在硅铝比 $n(SiO_2/Al_2O_3) = 0.5$，水钠比 $n(H_2O/Na_2O) = 60$，水热合成时间 $t = 8$ h，水热合成温度 $T = 100$ ℃，

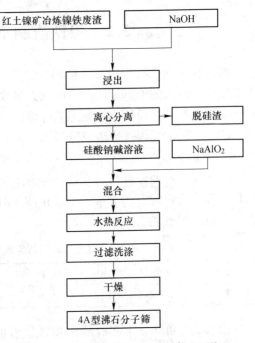

图 2.10　镍铁渣和 $NaAlO_2$ 制备 4A 型沸石分子筛的工艺流程图

在此条件下合成的样品具备 4A 型沸石分子筛所有的特征峰，没有其他峰出现，形状规则强度大，与标准样品的 XRD 图谱一致。

本实验采用 NETZSCH 公司生产的 STA 409PC 型热重分析仪测试 4A 型沸石分子筛样品分别在 30 ℃、60 ℃ 以及 90 ℃下对 CO_2 的吸附性能，其具体操作步骤如下：

（1）先采用流量为 30 mL/min 的 Ar 对样品进行吹扫，从初始温度 30 ℃加热至 110 ℃，在此条件下恒温 6 h 使样品活化；

（2）降温至指定吸附温度并在此恒温 1 h，在此温度下将 Ar 气氛迅速更换为 CO_2 气氛，流量不变，持续 1 h；

（3）样品吸附平衡前后的质量变化即为 4A 型沸石分子筛的平衡吸附量。

通过以上操作，计算得到样品前后的质量变化，所计算得到的在常压，30 ℃、60 ℃、90 ℃ 的条件下测量的 4A 型沸石分子筛其 CO_2 吸附曲线如图 2.11 所示。

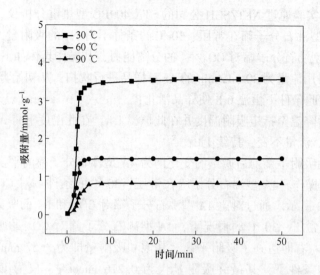

图 2.11　4A 型沸石分子筛在不同温度下的 CO_2 吸附曲线

如图 2.11 所示，4A 型沸石分子筛具备良好的 CO_2 气体吸附性能。在常压、30 ℃的条件下，当气氛转变为 CO_2 后，首先发生的是外扩散过程（External diffusion），这是因为在活化过程中残留在热重分析仪炉内的惰性气体逐渐被排除，CO_2 分子开始扩散到 4A 型沸石分子筛的外表面并聚集，此时尚未发生吸附反应。随着反应的进行，CO_2 迅速被 4A 型沸石分子筛吸附，这是因为 CO_2 的分子动力学直径为 0.33 nm，而 4A 型沸石分子筛的孔径为 0.4 nm，因此 CO_2 分子可以从 4A 型沸石分子筛的外表面向孔道进行内部扩散（Internal diffusion）；质量增加量即为材料的 CO_2 吸附量，在 3 min 内即完成了吸附，在吸附了 90%之后，吸附曲线渐渐趋于平缓，最终保持不变，材料的最终吸附量达到了 3.57 mmol/g。

其他条件不变，当温度升为 60 ℃时，CO_2 的平衡吸附量为 1.50 mmol/g，与 30 ℃相比，平衡吸附量减少了 57.98%。当温度继续上升，到达 90 ℃时，吸附速率放缓，吸附量继续减小，平衡之后，饱和吸附量仅为 0.84 mmol/g，与 30 ℃相比减少了 76.47%。

由此可见，随着温度的上升，4A 型沸石分子筛的吸附量变小，温度对它的吸附性能产生了重要的影响。从热力学角度来说，4A 型沸石分子筛吸附气体主要靠的是它的笼型和孔道结构，是物理吸附，而物理吸附又是一个放热反应，因此，温度的升高反而阻碍了吸附作用；从分子动力学角度来说，随着吸附温度的升高，气体分子的动能增加，而 4A 型沸石分子筛又难以捕捉较为活跃的分子，已经被捕捉的分子也容易从孔道结构当中逃脱，因此，随着温度的升高，4A 型沸石分子筛的平衡吸附量降低。

另外，本实验通过 NETZSCH 公司的 STA 409PC 型热重分析仪，用相同的方法测定了 4A 型沸石分子筛在常压、30 ℃的条件下对 N_2 的吸附量，进一步判断镍铁渣基 4A 型沸石分子筛对 CO_2/N_2 的分离能力，其操作具体如下。

（1）先采用流量为 30 mL/min 的 Ar 对样品进行吹扫，从初始温度 35 ℃加热至 110 ℃，在此条件下恒温 6 h 使样品活化；

（2）然后降温至指定吸附温度并在此恒温 1 h，在此温度下将 Ar 气氛迅速更换为 N_2 气氛，流量不变，持续 1 h；

（3）样品吸附平衡前后质量的变化即为 4A 型沸石分子筛的平衡吸附量。

通过以上操作，4A 型沸石分子筛在常压、30 ℃的条件下对 CO_2 和 N_2 的吸附量如图 2.12 所示。通过对比 4A 型沸石分子筛对 CO_2 和 N_2 的吸附曲线可以明显地看出：在常压、30 ℃的情况下，4A 型沸石分子筛对 CO_2 的吸附量快速增加，在 3 min 左右即达到了吸附平衡，其饱和吸附量即为 3.57 mmol/g，而对于 N_2，在相同的条件下，其最终吸附量仅为 0.276 mmol/g，仅为 CO_2 吸附量的 7.73%，这充分地说明了通过此方法合成的 4A 型沸石分子筛样品具有十分良好的 CO_2/N_2 的选择吸附性能，适合在 CO_2 和 N_2 的吸附分离的工业应用上进行推广。

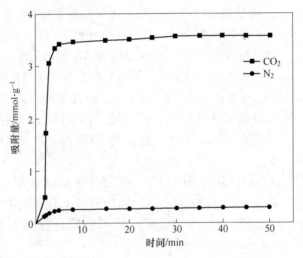

图 2.12　4A 型沸石分子筛的 CO_2/N_2 吸附曲线

2.3　钒渣酸浸渣制备沸石吸附剂

钒是一种过渡元素，位于元素周期表第五族，纯金属钒呈银灰色，具有很好的可塑性，且耐腐蚀性强、抗高温。但如果有少量杂质加入，特别是氧、碳、氮和氢等元素，可使钒的可塑性降低，硬度和脆性增加。由于钒特殊的物理性质，使钒成为现代工业的重要添加剂，被称为是"现代工业的味精"，在国民经济中的地位很重要。钒被广泛用于冶金、电子、能源及航空航天等方面。其中钢铁工业是钒的主要应用领域，据资料表明，全世界有85%左右的钒作为炼钢的合金添加成分，钒的添加可以使性能特别优异且适用广泛；有10%左右以 Ti-Al-V 合金的形式用于航天领域，其次用于超导材料、玻璃添加剂、化工催化剂等。钒渣目前的主要用途是提钒，但现有的提钒工艺技术水平还有比较明显的缺陷，主要表现为钒收得率相对较低，并存在二次焙烧、能耗较高和环境污染等。

钒渣主要是一种用来提钒的工业原料，传统的焙烧-浸出-沉钒工艺会释放 HCl、Cl_2 等有害气体，造成对环境的污染，同时金属综合回收率低，造成钒渣中的 Ti、Mn、Fe 等金属的浪费。因此探索钒渣新的利用途径是非常必要的。

本案例选择攀枝花钒渣作为研究对象。本实验通过 X 射线荧光光谱分析（X-Ray Fluorescence，XRF）分析对攀枝花钒渣进行了成分分析，见表 2.4 和表 2.5。

表 2.4 钒渣的化学成分

成分	Fe_2O_3	V_2O_5	SiO_2	TiO_2	MnO	Al_2O_3	MgO	Cr_2O_3	CaO	其他
含量/%	36.10	17.40	14.60	11.90	8.60	3.30	2.70	2.35	2.20	0.85

表 2.5 钒渣中元素的定量分析

元素	V	Ti	Fe	Si	Mn	Al
含量/%	9.75	7.14	25.27	6.81	5.44	1.75

本案例采用不同硫酸对钒渣直接浸出。钒渣经过球磨机磨细后，称取定量置于一容量为 25 mL 的定制圆底烧瓶内，加入一定量的硫酸，用搅拌器加热搅拌，改变温度、时间、硫酸浓度和液固比，在不同条件下进行浸出实验。反应结束后，过滤两次，滤渣放入干燥箱中进行烘干称重。综合考虑不同反应时间、反应温度、液固比及硫酸浓度对滤渣 SiO_2 含量的影响，得到最佳浸出条件为：浸出温度 140 ℃、反应时间 3.5 h、硫酸浓度为 50%、液固比为 3∶1。

随后，取一定量的滤渣按照一定硅铝比、NaO_2/SiO_2 比加入 NaOH 搅拌均匀，用瓷舟承装，放入高温炉中在高温条件下煅烧一定时间，加入水和一定量的铝酸钠搅拌，再将混合物转移至容积为 100 mL 的不锈钢反应釜内，密封，在干燥箱中沉淀一段时间。将反应混合物过滤、洗涤至中性，于 100 ℃烘箱中烘干后即得沸石分子筛产品，工艺流程如图 2.13 所示。

通过实验考察不同 Na_2O/SiO_2 的比例、晶化时间和碱熔融焙烧时间等条件制备 4A 沸石的结构和性能，得出制备 4A 型沸石分子筛的最佳条件为：Na_2O/SiO_2

=3.5、晶化时间为 12 h、焙烧温度为 600 ℃。

本实验采用 Agilent 409PC 热重分析仪测试样品 4A 型沸石分子筛的 CO_2/N_2 的吸附性能。

如图 2.14 所示，常压下，在 30 ℃时，分析计算可得所制备沸石分子筛样品对 CO_2 吸附量为 3.772 mmol/g，对 N_2 的吸附量为 0.568 mmol/g。由于 CO_2 和 N_2 气体存在巨大的被吸附速率的差异，对 4A 型沸石分子筛应用于回收烟气、尾气中的 CO_2 有非常大的意义。

如图 2.15 所示，4A 型沸石分子筛样品在 60 ℃下对 CO_2 和 N_2 的吸附量分别是 2.402 mmol/g 及 0.446 mmol/g。对比两图，分析可知对于 CO_2，当温度由30 ℃上升至

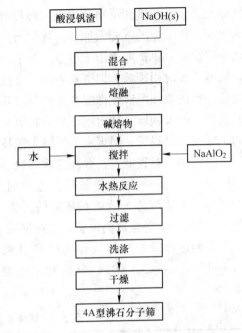

图 2.13　以 $NaAlO_2$ 为铝源制备 4A 型沸石分子筛的工艺流程图

60 ℃时，吸附量有较大幅度的下降，N_2 温度由 30 ℃上升至 60 ℃时，吸附量有较小幅度的下降。温度对于两种气体的吸附量影响效果并不一致，在不同温度下，各组分气体的吸附量差值也并不相同，相对于 60 ℃，在 30 ℃温度下，制得的 4A 型沸石分子筛具有较好的 CO_2/N_2 分离性。

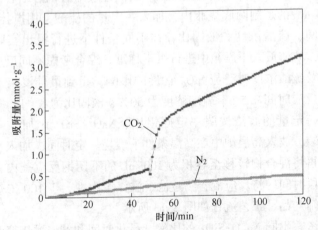

图 2.14　4A 型沸石分子筛在 30 ℃条件下对 CO_2 和 N_2 的吸附等温线

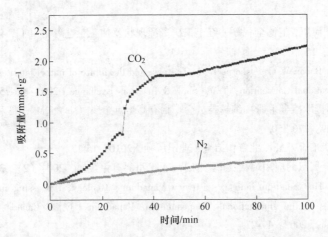

图 2.15　4A 型沸石分子筛在 60 ℃条件下对 CO_2 和 N_2 的吸附等温线

2.4　小　　结

本章分别以红土镍矿酸浸渣、镍铁渣和钒渣酸浸渣制备得到了 4A 型沸石分子筛，并利用红土镍矿酸浸渣和铝土矿制备得到了 13X 型沸石分子筛。本章设计实验探究了沸石的合成条件，探究了原材料中硅铝比、水钠比、水热合成时间以及水热反应温度对所合成样品造成的影响，得到了其最佳合成条件。此外，为了探究上述沸石对于 CO_2 的吸附性能，本章运用综合热分析仪分别测定了沸石分子筛样品对 CO_2 以及 N_2 的单组分吸附，由实验测试结果可知，4A 型沸石分子筛和 13X 型沸石分子筛样品的 CO_2 吸附量均随着温度的升高而降低，且在 30 ℃下具有较强的 CO_2/N_2 分离性，证明了上述沸石分子筛在 CO_2/N_2 的吸附分离有很大的应用前景。

参 考 文 献

[1] Jafarian M, Mahjani M G, Heli H, et al. Electrocatalytic oxidation of methane at nickel hydroxide modified nickel electrode in alkaline solution [J]. Electrochemistry communications, 2003, 5 (2): 184-188.

[2] Davies D P, Adcock PL, Turpin M, et al. Stainless steel as a bipolar plate material for solid polymer fuel cells [J]. Journal of Power Sources, 2000, 86 (1): 237-242.

[3] Schrick B, Blough J L, Jones A D, et al. Hydrodechlorination of trichloroethylene to hydrocarbons using bimetallic nickel-iron nanoparticles [J]. Chemistry of Materials, 2002, 14 (12): 5140-5147.

[4] 王成彦, 尹飞, 陈永强, 等. 国内外红土镍矿处理技术及进展 [C] //中国有色金属学会冶金物理化学学术委员会. 2008 年全国湿法冶金学术会议论文集. 北京矿冶研究总院,

2008：8.

[5] 李艳军，于海臣，王德全，等．红土镍矿资源现状及加工工艺综述 [J]．金属矿山，2010（11）：5-9，15.

[6] Dalvi A D, Bacon W G, Osborne R C. The past and the future of nickel laterites [C] //PDAC 2004 International Convention, Trade Show & Investors Exchange, 2005：65-75.

[7] 《有色金属提取冶金手册》编辑委员会．稀有高熔点金属（下）[M]．北京：冶金工业出版社，1999：276-350.

[8] 杨守志．钒冶金 [M]．北京：冶金工业出版社，2010：15-17.

[9] 任学佑．金属钒的应用现状及市场前景 [J]．世界有色金属，2004（2）：34-36.

[10] Perron L. The vanadium industry：a review Vanadium, Geology, Processing and Applications, Proceedings of the International Symposium on Vanadium [C] //Canada：Conference of Metallurgists, 2002：17-27.

[11] 谭若斌．国内外钒资源的开发利用 [J]．钒钛，1994（5）：4-11.

[12] 锡淦，雷鹰，胡克俊，等．国外钒的应用概况 [J]．世界有色金属，2000（2）：13-21.

[13] 朱有康，沈强华，董梦奇，等．红土镍矿冶金工艺现状及前景分析 [J]．矿冶，2022，31（4）：108-113.

[14] 田庆华，李中臣，王亲猛，等．红土镍矿资源现状及冶炼技术研究进展 [J/OL]．中国有色金属学报：1-32 [2022-10-03].

[15] 马北越，吴桦，高陟．红土镍矿处理工艺研究新进展 [J]．耐火与石灰，2022，47（1）：35-40.

[16] 薛钰霄，潘建，朱德庆，等．红土镍矿烧结节能降耗技术研究及应用 [J]．中国冶金，2021，31（9）：92-97.

[17] 王浩，卢明亮，万贺利．提钒工艺研究现状及进展 [J]．河北冶金，2021（12）：6-9，28.

[18] 杨明鄂，杨皓翔，田晟晖，等．钒渣提钒和铬循环冶金工艺：（Ⅱ）沉钒后液分离回收铬（英文）[J]. Transactions of Nonferrous Metals Society of China, 2021, 31（9）：2852-2860.

3 粉煤灰制备沸石吸附剂

我国粉煤灰主要应用于建筑材料领域，其中生产水泥是我国粉煤灰的主要利用方式之一，相关研究可追溯到 20 世纪 50 年代，粉煤灰水泥的大规模生产迄今为止已有 20 多年的历史，已经成为国内主要水泥品种之一，其技术标准与国际接轨。此外，粉煤灰还被用于制造墙体材料、陶粒、矿物棉等，但这些利用方式往往伴随着高能耗，控制不当容易导致次生环境问题，同时产品附加值不高，回收效果有限。农业上，粉煤灰可用来改善土壤结构、用作土地覆盖物，还可制成复合肥料和农家肥。环保上面，可以用来处理废水、烟气脱硫、防治噪声等，但其机理尚待研究，目前没有得到大规模应用。

综上，当前我国粉煤灰的回收利用方法普遍附加值较低，利用不当极易造成二次污染，因此亟须更经济、环保的利用方法。粉煤灰疏松多孔、比表面积大等特点使其具有较高的表面能和活性，这为它在环保领域实现高值化利用提供了可能。其中，利用粉煤灰合成沸石分子筛已经成为学术界广泛关注的研究热点之一。

国内外关于粉煤灰合成沸石分子筛的研究已有近 30 年的历史，许多科研工作者已经分别采用不同的技术方法合成出不同种类的沸石分子筛，为粉煤灰合成沸石分子筛的研究做出了巨大的贡献。粉煤灰中主要含有的 SiO_2 和 Al_2O_3 正是合成沸石分子筛所需的主要物质，利用粉煤灰合成沸石分子筛不仅实现了固体废弃物的再利用，而且还节约了化工原料，拓宽了粉煤灰的利用途径，提高了经济效益和社会效益。

3.1 粉煤灰制备沸石分子筛的方法

目前粉煤灰合成沸石分子筛的常见方法如下：

（1）传统水热合成法。传统水热合成法是目前最为成熟、应用最为广泛的合成方法。其工艺较为简单，使用 KOH、$NaHCO_3$、K_2CO_3 或 NaOH 作为碱源，将其配制成一定浓度的水溶液，然后按照一定的液固比将碱液与粉煤灰混合均匀，并在一定的温度下老化一段时间，这样粉煤灰在碱性条件下就会溶解，以提供 Si^{4+} 和 Al^{3+}，并在碱液中形成初始铝硅酸盐胶体，然后在适当压力和温度范围内晶化，初始凝胶结晶并转化为沸石分子筛。

虽然传统水热合成法应用最为广泛和成熟，但是它也有其自身的缺陷，如老化时间长、转化率低、反应温度高、耗能高等。另外，合成的粉煤灰沸石产品中常伴有粉煤灰残渣和副产品生成，其中石英和莫来石难以溶解，严重影响了沸石分子筛的性能。

（2）两步水热合成法。两步水热合成法是在传统水热合成法的基础上发展而来的。同样是使用 KOH、NaHCO$_3$、K$_2$CO$_3$ 或 NaOH 作为碱源，将其配制成一定浓度的水溶液，然后将粉煤灰和碱液按一定的液固比混合均匀，待粉煤灰溶解一段时间后检验溶液中和的浓度，根据所要合成的沸石分子筛的不同种类向溶液中添加硅源或者铝源来调节硅铝比，然后在一定的条件下水热晶化，最后洗涤、过滤、干燥得到沸石分子筛。

两步水热合成法优势在于可以制备出纯度较高的沸石分子筛，而不是沸石和粉煤灰残渣的混合物，提高了沸石分子筛的性能品质。但是两步法也有其劣势。其劣势在于用水量太大、试剂使用成本高和晶化反应时间长，而且粉煤灰的利用率也不高。

（3）碱熔融-水热合成法。碱熔融-水热合成法是在水热晶化反应之前将粉煤灰和固体碱（NaOH 或 KOH）混合均匀，然后在高温下（一般高于 500 ℃）煅烧一段时间，再使煅烧后的熔融物在水热条件下晶化一段时间后得到沸石分子筛。

煅烧的目的是使粉煤灰中的矿物晶相分解，特别是石英相和莫来石相。研究表明，在煅烧前向粉煤灰和固体碱的混合物中加入少量水，使其调为糊状能更有利于这些矿物晶相的充分分解。将煅烧后的前驱物研细后按照一定的液固比加入蒸馏水，并根据所要合成的沸石分子筛的种类添加硅源或铝源来调节硅铝比，然后在一定的条件下水热晶化一段时间后洗涤、过滤、干燥得到沸石分子筛。采用碱熔融-水热法合成的沸石分子筛不含莫来石和石英，具有较高的纯度，仅含有少量的粉煤灰残渣。

（4）晶种合成法。使用晶种合成法合成沸石分子筛，首先需要按照一定的配比制备所要合成的沸石晶种，然后再将制得的晶种与粉煤灰和碱液混合均匀，然后在一定的温度下晶化一段时间得到沸石产品。

晶种合成法的优势在于晶种在反应过程中可以起导向作用，沸石晶体可以直接在晶种上生长而不用经历成核过程，缩短了合成周期，同时由于没有其他种类沸石的生成而提高了沸石分子筛的纯度。采用此方法可制备出高结晶度的 Y 沸石。但是该方法粉煤灰中的石英和莫来石不能完全转化，而且诱导机理尚不明确，有待进一步研究。此方法具有一定的发展前景。

（5）微波辐射辅助合成法。微波辐射辅助合成法是在晶化的过程中使用微波加热来代替传统的加热方式，此方法也是在一定的温度下晶化一段时间，然后洗涤、过滤、干燥得到沸石分子筛。微波法可以提高晶化反应的速度,减少反应时间。Hidekazu Tanaka 等利用微波法用粉煤灰制备出沸石分子筛。研究表明,微波法可以缩短反应时间的原因在于微波对于活性水分子和玻璃相的高强振动加速了粉煤灰中硅铝的溶解,并且迅速提高了反应体系的温度,这在反应初期是有利的。

微波法提高了反应速度,缩短反应时间,从而降低了成本,这也为促进粉煤灰合成沸石的工业化提供了可能。但该方法也存在沸石转化率低的弊端,仍需要进一步研究和探索。

3.2 粉煤灰制备沸石 CHA

3.2.1 沸石 CHA 的制备方法与优化

3.2.1.1 粉煤灰基沸石 CHA 的合成方法

本章中的沸石 CHA 是指人工合成的钾型菱沸石(菱钾沸石),即 K-CHA。

采用内蒙古鄂尔多斯市某燃煤电厂的固体废弃物粉煤灰为原料。粉煤灰的 XRF 分析见表 3.1。

表 3.1 粉煤灰的化学组成

成分	SiO_2	Al_2O_3	Fe_2O_3	CaO	TiO_2	碳质有机物
质量分数/%	48.53	40.76	1.96	3.29	2.52	2.94

由上表可以看出所用粉煤灰主要由 SiO_2、Al_2O_3、Fe_2O_3、CaO、TiO_2 和碳质有机物组成,其中 SiO_2 和 Al_2O_3 的含量最多,共占 89.29%,其他杂质含量较少。该粉煤灰的硅铝比为 0.96,为合成沸石 CHA 提供丰富的硅源和铝源,从而使粉煤灰合成沸石 CHA 成为可能。

所采用的粉煤灰中除了含有大量 SiO_2 和 Al_2O_3 外,还含有少量的碳质有机物等杂质。这些杂质对于合成沸石 CHA 的结晶度和吸附性等品质都有一定的影响,在进行合成之前,需对粉煤灰进行预处理,来实现粉煤灰的增白和除杂,采用的粉煤灰预处理方法是在高温炉中 800 ℃下对粉煤灰焙烧 2 h。高温焙烧可以脱去粉煤灰里所含的碳质有机物等杂质,很好地实现了除杂和增白的效果,从而有利于提高合成产物的结晶度、吸附性能和纯度。除杂后的粉煤灰可以用来进行以下的一系列合成。

使用粉煤灰合成沸石 CHA,合成流程如图 3.1 所示。首先,采用传统合成法即水热合成法对粉煤灰合成沸石 CHA 进行了探究。用电子天平称取 5 g 粉煤灰和 10.08 g KOH 固体,用量筒量取 60 mL 超纯水。将 KOH 固体溶入 60 mL 超纯水中,搅拌均匀,配置出 3 mol/L 的 KOH 溶液,然后将粉煤灰和 KOH 溶液在恒温磁力搅拌器上混合均匀，搅拌 6 h。密封好混合物后再将其放入 90 ℃烘箱内保温 4 天。4 天后取出，反复洗涤至中性，过滤、干燥得到沸石 CHA 产品。其工艺流程如图 3.1（a）所示。将合成的样品研细，为了判断合成物的晶体结构，使其在射线衍射仪中扫描，其扫描结果如图 3.2 所示。

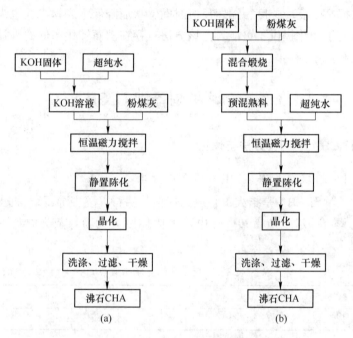

图 3.1　沸石 CHA 合成方法流程图

（a）水热合成法；（b）碱熔融-水热合成法

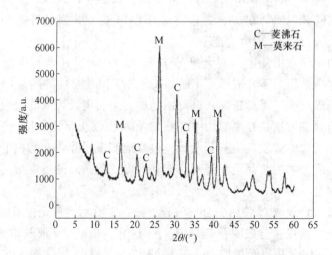

图 3.2　水热合成法合成沸石 CHA 样品的 XRD 图谱

由 X 射线衍射（X-Ray Diffraction，XRD）扫描图可以看出，合成物的图谱主要是由莫来石和沸石 CHA 的衍射峰组成，合成沸石 CHA 的杂质较多，纯度不高。这是由于莫来石相属于惰性组分，其活性不高，一般情况下难以充分分解，在水热反应前必须高温煅烧才能促进其分解。故传统水热法无法实现合成纯度较高的沸石 CHA 的目标。

碱熔融-水热法就是在水热反应前将粉煤灰和固体的混合物置于高温炉中煅烧一段时间，这样有利于粉煤灰中莫来石等惰性组分的分解，提高粉煤灰的活性，从而提高合成产物的纯度。

用电子天平称取 5 g 粉煤灰和 10.08 g KOH 固体，搅拌均匀，在高温炉中 650 ℃下煅烧 2 h，取出煅烧好的碱熔融物，研细后加入 60 mL 超纯水，在恒温磁力搅拌器上搅拌均匀，然后在烘箱中 90 ℃下保温 4 天。4 天后取出，反复洗涤至中性，过滤、干燥得到沸石 CHA 产品。其工艺流程如图 3.1（b）所示。将合成的样品研细，使用射线衍射仪扫描检验其晶体结构，其扫描结果如图 3.3 所示。

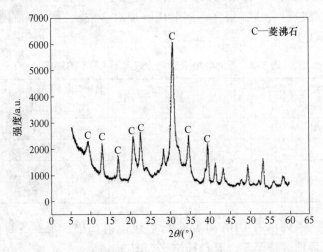

图 3.3 碱熔融-水热合成法合成沸石 CHA 样品的 XRD 图谱

由 XRD 扫描图可以看出，合成物的 XRD 图谱主要为沸石 CHA 的衍射峰，莫来石的衍射峰已经消失，这是由于粉煤灰与碱混合并煅烧后破坏了里面的莫来石等惰性组分，使其分解，从而使粉煤灰得到充分活化。但是可以看出合成产物的结晶度不是很高，还需进一步处理来提高其结晶度。

综上，当采用传统水热合成法制备沸石 CHA 时，合成产物里含有大量的莫来石杂质，这是由于莫来石相属于惰性组分，传统的水热合成不能使惰性的莫来石相充分分解，从而在合成产物中会残留未分解的莫来石杂质，使用碱熔融-水热合成法可以很好地解决这一问题，这是由于水热前的碱熔融煅烧可以很好地破坏莫来石相，从而得到高纯度的沸石 CHA。

3.2.1.2　粉煤灰合成沸石 CHA 的最优条件

粉煤灰合成沸石 CHA 的影响因素主要有煅烧温度、煅烧时间、硅铝比、碱灰比、液固比、晶化温度和晶化时间等。在探究粉煤灰合成沸石 CHA 的最优条件时，也是主要针对这些条件进行考察。这些因素会对合成沸石 CHA 的吸附量、结晶度和纯度等品质以及内部结构造成一定的影响，为了提高合成沸石 CHA 的品质和性能，做了如下探究。以煅烧温度的影响为例研究粉煤灰合成沸石 CHA 的最优条件。

煅烧温度对粉煤灰的性能有影响，高温煅烧可以使粉煤灰中的惰性组分分解，从而使粉煤灰充分活化。但是煅烧温度较低时，惰性组分的分解不完全，会降低粉煤灰的活性；温度太高时又会使产物结块，从而影响其吸附性能。所以合适的煅烧温度对粉煤灰的活化和吸附性能具有重要的意义。

选取了 550 ℃、600 ℃、650 ℃、700 ℃ 四个温度点作为参考，在煅烧时间为 60 min、碱灰比为 2、硅铝比为 2、液固比为 4、晶化温度为 90 ℃、晶化时间为 4 天的条件下进行合成，研究不同煅烧温度对合成沸石 CHA 的影响及具体合成操作，见表 3.2。

表 3.2　不同煅烧温度对合成沸石 CHA 的影响

编号	煅烧温度 /℃	煅烧时间 /min	碱灰比	硅铝比	液固比	晶化温度 /℃	晶化时间 /天	主要晶相	结晶度 /%
A1	550	60	2	2	4	90	4	CHA	64
A2	600	60	2	2	4	90	4	PHI	66
A3	650	60	2	2	4	90	4	CHA	74
A4	700	60	2	2	4	90	4	CHA	68

对合成的一系列沸石 CHA 样品进行射线衍射扫描，观察各自的晶体结构，通过对比选择最佳煅烧温度，其扫描结果如图 3.4 所示。

由图 3.4 可知，当温度为 550 ℃时，样品 A1 的 XRD 图谱主要为菱沸石的衍射峰，结晶度为 64%；当温度为 600 ℃时，样品 A2 的 XRD 图谱主要为另外一种沸石钙十字沸石的衍射峰，结晶度为 66%；当温度为 650 ℃时，样品 A3 的 XRD 图谱主要为菱沸石的衍射峰，结晶度为 74%；当温度为 700 ℃时，样品 A4 的 XRD 图谱主要为菱沸石的衍射峰，结晶度为 68%。对比这四组结果可以看出温度为 650 ℃时，合成的菱沸石比 550 ℃时合成的菱沸石的结晶度高，同时比 600 ℃时合成的菱沸石的纯度要高。又由于 700 ℃时合成的菱沸石虽然结晶度提高了，但是多了不知名的沸石杂质，并且也增加了能耗。综合比较这四组结果，可以判断 650 ℃为其最佳煅烧温度，故以后的合成中均采用 650 ℃煅烧。

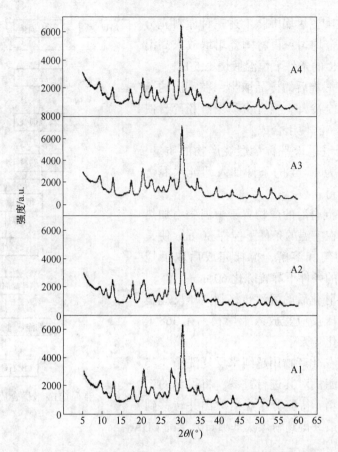

图 3.4 不同煅烧温度时沸石 CHA 的 XRD 图谱

通过与研究最佳煅烧时间相似的控制单一变量探究方法，对煅烧时间、硅铝比、碱灰比、液固比、晶化温度和晶化时间等进行了研究，得出粉煤灰合成沸石 CHA 的最优工艺条件为：煅烧温度 650 ℃、煅烧时间 60 min、硅铝比为 2、碱灰比为 2、液固比为 4、晶化温度 90 ℃、晶化时间 4 天。通过该条件合成的产物衍射峰具备沸石 CHA 的所有特征峰，且无其他杂峰出现，峰形规则、尖锐，且峰强度大，也有着较高的结晶度，为 74%。

3.2.1.3 粉煤灰基沸石 CHA 的最优合成

综合上述探究，选用内蒙古鄂尔多斯市某燃煤电厂的废弃物粉煤灰原料进行进一步的合成，得到沸石 CHA 的最优合成方法流程图，如图 3.5 所示。粉煤灰基沸石 CHA 合成步骤如下：

（1）用电子天平分别称取 5.0 g 粉煤灰原料和 12.5 g KOH 固体，按照不同的硅铝比加入相应计算质量的 SiO_2 固体粉末，将三者混合放入至陶瓷坩埚中加盖密封。

（2）在陶瓷坩埚中将上述三种原料充分搅拌使其混合均匀，再将陶瓷坩埚放入高温炉中在 923 K 的条件下恒温煅烧 1.5 h。

（3）将煅烧后的样品取出，在室温的条件下使其完全冷却，再充分研磨、粉碎，使样品尺寸均一，便于合成。

（4）用电子天平称量煅烧产物的质量，按照固液比为 1∶4 的条件加入超纯水混合在烧杯中密封。

（5）将混合后的产物置于恒温磁力加热搅拌器上，在室温的条件下搅拌 30 min 使其充分混成均匀和溶解，搅拌完成后取下烧杯，在室温的条件下静置陈化 60 min。

（6）将陈化后的溶液转移到高压反应釜中，再将高压反应釜放入干燥箱，在 368 K 的条件下晶化 4 天。

（7）将晶化产物用超纯水反复洗涤 3～5 次后，用抽滤机对其进行过滤，将得到的产物放入干燥箱，待充分干燥后取出并转移到样品袋中，最终得到粉煤灰基沸石分子筛 CHA。

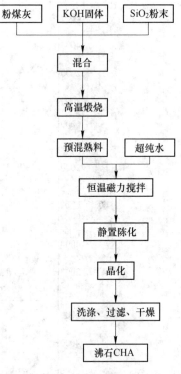

图 3.5   沸石 CHA 最优合成方法流程图

3.2.2 沸石 CHA 的表征分析

沸石的硅铝比、晶型、纯度和结晶度的高低直接影响着它的抗酸性、疏水性、热稳定性及吸附性能的好坏，所以高品质的沸石必然有着合适的硅铝比、完好的晶体结构、较少的杂质和较高的结晶度。这也使得沸石 CHA 的结构和性能检测工作显得尤为重要。在前述所探究的最优条件下制备沸石 CHA，对其进行结构分析和吸附性能研究，通过分析结果来探究所合成的沸石 CHA 的各项性能指标。

3.2.2.1 沸石 CHA 的元素分析

硅铝比对沸石 CHA 的离子交换能力、疏水性、热稳定性和吸附性都有很大的影响，通常硅铝比较低的沸石 CHA 具有更好的离子交换能力而硅铝比较高的沸石 CHA 具有较好的热稳定性和疏水性。硅铝比因而也成为分析沸石 CHA 性能的重要指标。

利用前述探究的最优条件制备沸石 CHA，进行 X 射线荧光光谱分析，测定其化学组成，结果见表 3.3。

表 3.3 沸石 CHA 的化学组成

组分	SiO$_2$	K$_2$O	Al$_2$O$_3$	Fe$_2$O$_3$	CaO	TiO$_2$	其他
质量分数/%	48	26	21	2	1.8	0.8	0.4

从表 3.3 中可以看出 SiO$_2$ 的含量为 48%，Al$_2$O$_3$ 的含量为 21%，从而计算出其硅铝比为 2，与前述所探究的最佳硅铝比为 2 相符合，说明反应体系中的硅和铝基本都充分地参与了反应。同时也高于原始粉煤灰的硅铝比 1.01，说明合成的沸石 CHA 具有一定的热稳定性和疏水性。另外，合成沸石 CHA 所含杂质较少，尤其是 Fe$_2$O$_3$ 和 CaO 的含量都很少，故合成沸石 CHA 的纯度很高。

3.2.2.2 沸石 CHA 的 XRD 分析

从图 3.6 可以看出样品的 XRD 图测试结果和 XRD 卡片库里的菱沸石 K-CHA 信息相吻合，其 XRD 图谱为 K-CHA 的特征峰且基本不含其他杂峰，也与其他文献中的测试结果相吻合，验证了样品为菱沸石 K-CHA。通过计算得出沸石 CHA 的相对结晶度为 74%，因此制备的沸石 CHA 具有较高的结晶度。

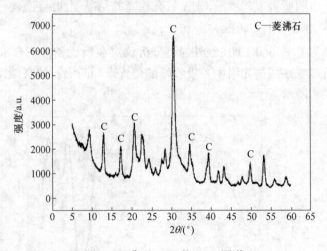

图 3.6 沸石 CHA 的 XRD 图谱

3.2.2.3 沸石 CHA 的扫描电镜分析

由于沸石 CHA 是依靠内部孔径结构的大小以及极性对气体分子产生束缚作用，将气体分子储存于孔道内，从而实现了它对气体的吸附作用，所以沸石 CHA 的吸附特性与其晶体结构有着直接的关系。合成产物是否为晶体、化学反应是否完全及是否有杂晶的存在都影响着沸石 CHA 的吸附性能。

对合成的沸石 CHA 进行扫描电镜（Scanning Election Microscope，SEM）分析，观察形貌并对比文献中的数据，来判断合成样品是否为沸石 CHA，其扫描照片如图 3.7 所示。

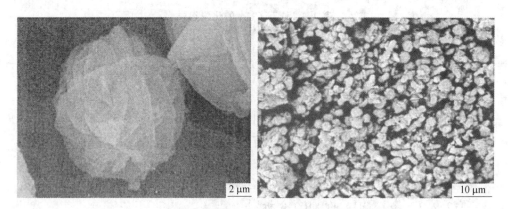

图 3.7　沸石 CHA 的 SEM 图

观察不同放大倍数下的扫描影像，可以看出所合成的沸石 CHA 颗粒均匀，晶型生长完好，为菱方晶系，且大小尺寸均一，说明测试的样品为单一种类晶体，其他杂晶较少，具有较高的纯度。同时晶格表面光滑并无二次成核现象，无定形相较少，表明所合成的沸石 CHA 具有较高的结晶度和纯度。

3.2.2.4　沸石 CHA 的红外分析

采用型号为 Cary 660 FTIR 红外光谱分析仪对在最优条件下合成的沸石 CHA 进行扫描，通过观察扫描光谱中各吸收峰的位置来判断沸石的官能团种类和内部结构，如图 3.8 所示。

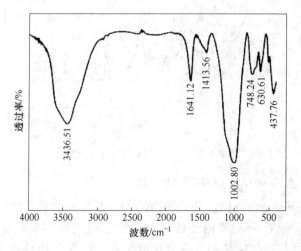

图 3.8　沸石 CHA 的 FTIR 光谱图

一般情况下晶格水及羟基谱带分布在 3700 cm^{-1} 及 1600 cm^{-1} 附近，400~1300 cm^{-1} 区域的谱峰主要是分子筛骨架振动谱带。从图 3.8 可以看出 437.76 cm^{-1} 处为 T—O—T 的弯曲振动峰，630.61 cm^{-1} 和 748.24 cm^{-1} 为 Al—O—Al、Si—O—Si 的对

称伸缩振动峰，1002.80 cm^{-1}为 T—O—T 的反对称伸缩振动峰，1413.56 cm^{-1}和 1641.12 cm^{-1}处为水分子的弯曲振动峰，3436.51 cm^{-1}处为水分子的伸缩振动峰。制得的 K-CHA 菱沸石的红外吸收峰的出现位置与文献中菱沸石的出峰位置基本一致，可以判断所制样品为沸石 CHA。

3.2.3 沸石 CHA 的 CO$_2$ 吸附性能与吸附特性

3.2.3.1 沸石 CHA 的失重分析

热重分析（Thermogravimetric Analysis，TGA）是一种通过测量被分析样品在加热过程中重量变化来达到分析目的的方法。即将样品置于具有一定加热程序的称重体系中，测定记录样品重量随温度变化而变化的规律。

采用型号为 Agilent 409 PC 的热重分析仪来进行失重分析测试，合成的沸石 CHA 在 N$_2$ 气氛下，气体流速为 30 mL/min、起始温度为 30 ℃、升温速度为 20 ℃/min、终止温度为 900 ℃的条件进行失重测试。

沸石 CHA 的热失重量和热失重速率如图 3.9 所示。

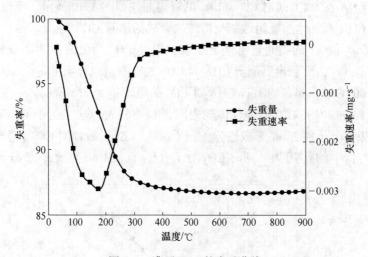

图 3.9　沸石 CHA 的失重曲线

从图中可以看出，在 30~300 ℃的范围内，沸石 CHA 的重量有着明显地减少，在 300 ℃以后其重量基本不再发生变化。这表明在温度达到 300 ℃以前，样品中的吸附水和气体大量地散失，直到 300 ℃脱附基本完成，300 ℃以后重量基本不变，说明制备的沸石 CHA 具有较好的热稳定性，此时的重量基本为纯沸石的重量，不含吸附水和气体，其失重率为 87%。从失重速率曲线可以看出在 30~200 ℃的范围内，其失重速率不断加快，在 200 ℃附近达到最大，200 ℃以后不断减小，曲线也趋于平缓。说明在 200 ℃以前升高温度可以加快水和气体的脱附速度，提高失重速率，当温度超过 200 ℃时，温度对失重速率的影响不再明显，样品重量趋于稳定。

3.2.3.2 气体种类对吸附量的影响

从上节的失重曲线可以看出当温度上升到 300 ℃以上时，沸石 CHA 的重量基本上不发生变化，说明此时沸石 CHA 基本已经排空了内部吸附的水和气体，此时的重量为沸石 CHA 真实的重量，故将沸石 CHA 的活化温度设为 300 ℃比较合理，吸附特性测试的工况设定见表 3.4。

表 3.4 气体吸附控制程序

编号	起始温度/℃	升温速率/℃·min^{-1}	终止温度/℃	气氛	操作时间/min
1	30	30	300	CO_2/N_2	9
2	300	0	300	CO_2/N_2	60
3	300	-10	60	CO_2/N_2	24
4	60	0	60	CO_2/N_2	60

沸石 CHA 在 60 ℃时对 CO_2 和 N_2 的吸附曲线如图 3.10 所示。可以看出，制备的沸石 CHA 对气体的吸附性能与传统法合成的沸石 CHA 相似。而且随着温度的降低，CO_2 和 N_2 的吸附量都随之增加，但是 CO_2 的吸附速率明显要大于 N_2 的吸附速率，在达到稳定后沸石 CHA 对 CO_2 的吸附量也要明显地大于对 N_2 的吸附量。在 60 ℃时，制备的沸石 CHA 对 CO_2 的吸附量为 2.5 mmol/g，对 N_2 的吸附量为 1.1 mmol/g，对这两种气体的吸附量相差较大。这是由于 CO_2 是三原子分子且是极性分子而 N_2 是非极性分子，所以沸石 CHA 表面对 CO_2 的分子间作用力远大于对 N_2 的作用力，同时 CO_2 分子直径（0.33 nm）要小于分子的直径

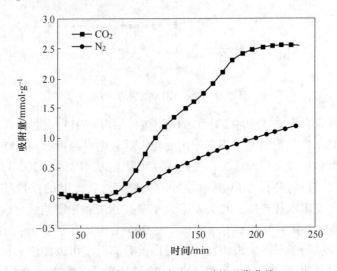

图 3.10 沸石 CHA 在 60 ℃时的吸附曲线

（0.36 nm），而沸石 CHA 的内部孔径约为 0.34 nm，这就使得 CO_2 分子更容易进入沸石 CHA 的孔道而被吸附。正是由于沸石 CHA 这种对 CO_2 分子的选择吸附性，使得它在回收烟气中的 CO_2 方面有着广泛的应用前景。

3.2.3.3 温度对气体吸附量的影响

温度同样对沸石的吸附量有着较大的影响。在相同压力、不同的温度下沸石对气体的吸附量有着明显的差异，研究温度对沸石 CHA 吸附量的影响对研究沸石 CHA 的吸附性能同样也有着重要的意义。

关于温度对沸石 CHA 气体吸附量影响的吸附特性测试的工况设定见表 3.5。

表 3.5 气体吸附控制程序

编号	起始温度/ ℃	升温速率/ ℃·min⁻¹	终止温度/℃	气氛	操作时间/min
1	30	30	300	CO_2	9
2	300	0	300	CO_2	60
3	300	−10	60/35	CO_2	24
4	60/35	0	60/35	CO_2	60

基线测定完成后开始对样品进行吸附测试。沸石 CHA 在 35 ℃和 60 ℃时对 CO_2 的吸附曲线如图 3.11 所示。

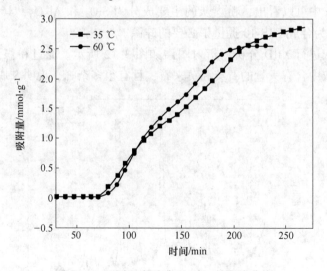

图 3.11 不同温度时沸石 CHA 的吸附曲线

由图 3.11 可以看出，在常压下，随着温度的降低，CO_2 的吸附量都随之增加，且吸附速率相差无几，在达到稳定后沸石 CHA 在 35 ℃时对 CO_2 的吸附量要大于 60 ℃时的吸附量。吸附量随着温度的升高呈下降趋势，在 35 ℃时的吸附量为 2.9 mmol/g，60 ℃时的吸附量为 2.5 mmol/g。

这是由于温度是分子内相对运动剧烈程度的标志，温度高时分子运动越激烈，分子动能就越大，相反温度降低时分子动能就减小。当沸石 CHA 表面对 CO_2 分子的分子间作用力一定时，CO_2 分子的动能越大，沸石 CHA 对它的吸附作用力越小，CO_2 分子越容易摆脱沸石 CHA 表面对它的束缚，造成其吸附量减小。相反，当温度较低时，CO_2 分子动能较小，不易摆脱分子间作用力，其吸附量也就越高。

3.3　粉煤灰制备沸石 ETS-10

3.3.1　沸石 ETS-10 的制备方法

选用华能某燃煤电厂的粉煤灰作为原料进行钛硅分子筛 ETS-10 的合成，首先对粉煤灰进行分析，通过 XRF 分析得到粉煤灰的化学组成见表 3.6。

表 3.6　粉煤灰的化学组成

成分	SiO_2	Al_2O_3	Fe_2O_3	CaO	其他
质量分数/%	47.18	42.00	2.34	3.26	5.22

从表 3.6 中可以看出，粉煤灰的主要成分为 SiO_2 和 Al_2O_3，其中 SiO_2 含量为 47.18%，为合成 ETS-10 提供了必要的硅源。

对粉煤灰进行 XRD 分析，衍射图谱如图 3.12 所示。通过粉煤灰的 XRD 图可知，粉煤灰中含有大量的石英和莫来石，且有很多杂峰，说明杂质较多。

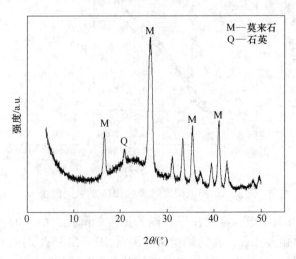

图 3.12　粉煤灰的 XRD 图谱

对粉煤灰进行 SEM 分析，如图 3.13 所示，从图中可以看出粉煤灰中含有大量的玻璃体，还有块状颗粒杂质。

图 3.13 粉煤灰的 SEM 图

通过对粉煤灰的各类表征分析可知，粉煤灰中含有大量的 SiO_2，为合成 ETS-10 提供硅源，本实验将利用高压反应釜采用水热法对粉煤灰中的硅进行提取，提取出来的硅以硅酸钠溶液形式存在。

合成方案如下：利用工业废弃物粉煤灰加入一定量的 NaOH 颗粒，在高压反应釜中进行水热反应，利用离心机将生成物进行固液分离，得到的溶液即为硅酸钠溶液，通过 XRF 分析检测溶液中的硅含量，加入一定量的浓盐酸调节 pH 值，加入一定量的锐钛矿调节硅钛比，加入一定量的氟化钾调节氟离子浓度，通过改变不同的合成条件探究钛硅分子筛 ETS-10 的最优合成条件，将混合物料在高压反应釜中在一定温度下反应一段时间后，将反应后得到的混合液经过冷却、洗涤、过滤、干燥等步骤得到钛硅分子筛 ETS-10，并利用 XRD、傅里叶变换红外光谱分析（Fourier Transform Infrared Spectroscopy，FTIR）、SEM、TGA 等表征手段对得到的 ETS-10 样品进行分析，再通过物理吸附仪和穿透装置对合成的 ETS-10 样品分别进行 CO_2 单组分吸附性能测试以及 CO_2/H_2O 双组分吸附性能测试。

合成过程分为两个部分，即从粉煤灰中提取硅和利用提取出来的硅液进行粉煤灰基钛硅分子筛 ETS-10 的合成，步骤如下：

（1）用量筒量取 150 mL 超纯水，用电子天平称取 50 g NaOH 固体加入超纯水中，充分搅拌配制成 NaOH 溶液。

（2）用电子天平称取 60 g 粉煤灰原料，加入 NaOH 溶液中，在室温下经过恒温磁力搅拌器搅拌均匀后，将混合液放入到高压反应釜中。

（3）将高压反应釜的反应温度设置为 120 ℃、转速设置为 800 r/min、时间设置为 120 min。

（4）待反应结束后，将混合液移至干净烧杯，在室温的条件下使其完全冷却后，利用台式高速离心机将冷却后的混合液进行固液分离，上清液作为硅源备用。

（5）利用 X 射线荧光光谱仪测定硅液中的硅含量。

（6）用电子天平称取一定量的锐钛矿加入 100 mL 硅液中，调整不同的硅钛比，用恒温磁力搅拌器搅拌均匀。

（7）向混合液中逐滴加入浓盐酸调节至不同的 pH 值。

（8）加入不同量的 KF 固体调节氟离子浓度，在室温密闭条件下搅拌 1 h，静置陈化 30 min。

（9）将混合液转移至高压反应釜中，230 ℃下晶化 1 天。

（10）经冷却后，将晶化产物用超纯水洗涤 3~5 次后，用循环水式多用真空泵对其进行抽滤，将得到的产物放入电热鼓风干燥箱，95 ℃条件下进行干燥后，进行充分研磨，得到粉煤灰基钛硅分子筛 ETS-10。

粉煤灰基钛硅分子筛 ETS-10 的合成方法流程图如图 3.14 所示。

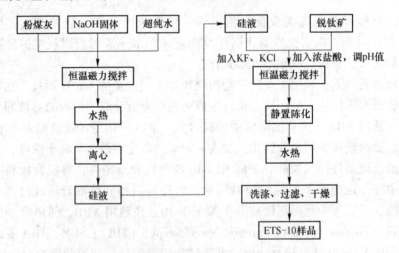

图 3.14　粉煤灰基沸石 ETS-10 的合成方法流程图

3.3.2　沸石 ETS-10 的最佳合成条件探究

以华能某燃煤电厂的废弃物粉煤灰为原料，采用水热合成法进行合成，探究不同硅钛比、pH 值、氟离子浓度对合成的钛硅分子筛 ETS-10 的结构、形貌以及吸附性能等多方面的影响。

按照上述合成步骤，通过对不同合成条件下的粉煤灰基 ETS-10 样品进行表征分析及其 CO_2 单组分吸附性能研究，以得到粉煤灰基 ETS-10 的最优合成条件。

3.3.2.1　硅钛比对合成粉煤灰基 ETS-10 的影响

根据上述合成步骤，通过改变锐钛矿的加入量控制不同的硅钛比，合成条件见表 3.7。

表 3.7 硅钛比变量控制条件

样品名称	硅钛比	pH 值	氟离子浓度/mol·L^{-1}
E1	3	10.3	0.08
E2	4	10.3	0.08
E3	5	10.3	0.08
E4	6	10.3	0.08
E5	7	10.3	0.08

对五组不同硅钛比条件下的粉煤灰基 ETS-10 样品（E1～E5）进行 XRD 表征，XRD 衍射图谱如图 3.15 所示。

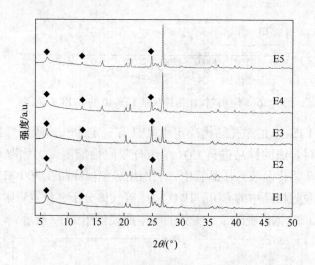

图 3.15 不同硅钛比粉煤灰基 ETS-10 的 XRD 衍射图谱

通过不同硅钛比粉煤灰基 ETS-10 的 XRD 衍射图谱可以看出合成的五组样品 E1～E5 在 $2\theta=6°$、$12°$、$25°$均出现了强衍射峰，与文献中报道的一致。但是可以看出在 $2\theta=20°$、$27°$有莫来石的杂峰存在，说明合成的样品中仍然还有一定量的粉煤灰杂质，其中 E3 样品杂峰的峰强最弱，说明杂质最少。

利用红外傅里叶光谱仪对样品进行扫描，通过 FTIR 图中各位置吸收峰的强度来判断合成的粉煤灰基 ETS-10 的内部结构和所含官能团的种类，从而判断合成样品的具体结构和类型。E1～E5 的 FTIR 图如图 3.16 所示。

从不同硅钛比条件下的 FTIR 图可以看出，在波长 3600 cm^{-1} 左右出现了一个较大吸收峰，波长 1650 cm^{-1} 左右出现了一个明显的吸收峰，在波长 1000 cm^{-1} 和

750 cm^{-1}出现了两个特征吸收峰。经对比分析，波长为 3600 cm^{-1}左右的吸收峰是水中氢氧键对称与反对称的伸缩振动导致的，1650 cm^{-1}位置出现的吸收峰是水分子的弯曲振动导致，1000 cm^{-1}左右的吸收峰是由于 Si—O—Ti 结构的不对称伸缩振动产生的，750 cm^{-1}位置的吸收峰是由于 Ti—O—Ti 链状结构的伸缩振动产生。

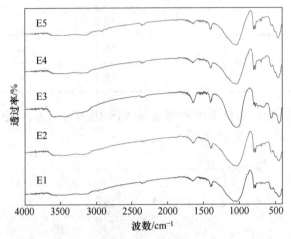

图 3.16 不同硅钛比粉煤灰基 ETS-10 的 FTIR 光谱图

粉煤灰基 ETS-10 的微孔结构决定了其具有一定的气体吸附性能，本实验利用物理吸附仪对合成的样品进行 CO_2 单组分吸附性能测试，称取 0.1~0.2 g 样品，经玻璃漏斗将样品装入样品管中，利用加热包使样品在 300 ℃ 条件下进行预处理，目的是脱除样品中的 CO_2、H_2O、N_2 等气体分子，设置吸附温度为 60 ℃，测得样品对 CO_2 气体的吸附量，得到的吸附曲线如图 3.17 所示。

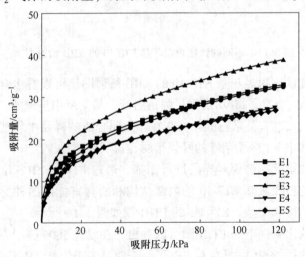

图 3.17 不同硅钛比粉煤灰基 ETS-10 的 CO_2 吸附曲线

通过对吸附曲线计算分析得到常压下五组样品的 CO_2 吸附量如图 3.18 所示。通过不同硅钛比条件下粉煤灰基 ETS-10 的 CO_2 吸附曲线可以看出，当硅钛比较低时，E1 和 E2 的吸附量分别为 1.41 mmol/g 和 1.39 mmol/g，说明加入的锐钛矿量较高，体系中存在着未反应完全的锐钛矿，影响了样品对 CO_2 的吸附；当硅钛比较高时，从 E4 和 E5 的吸附数据可以看出，吸附量分别为 1.15 mmol/g 和 1.12 mmol/g，此时，加入的锐钛矿量较低，没有生成足够的粉煤灰基 ETS-10 样品；E3 样品的 CO_2 吸附量最高，达到了 1.63 mmol/g。

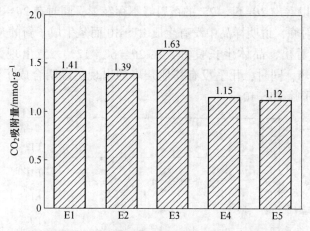

图 3.18　不同硅钛比粉煤灰基 ETS-10 的 CO_2 吸附量

综合分析五组样品的 XRD 表征、FTIR 表征、CO_2 单组分吸附性能，合成粉煤灰基 ETS-10 的最优硅钛比为 5，以硅钛比为 5 进行下一步合成。

3.3.2.2　pH 值对合成粉煤灰基 ETS-10 的影响

通过改变浓盐酸的加入量控制不同的 pH 值，合成条件见表 3.8。

表 3.8　pH 值条件

样品名称	硅钛比	pH 值	氟离子浓度/mol·L^{-1}
E6	5	9.3	0.08
E7	5	10.3	0.08
E8	5	10.7	0.08
E9	5	11.0	0.08
E10	5	11.3	0.08
E11	5	12.3	0.08
E12	5	13.3	0.08

　　对七组不同 pH 值条件下的粉煤灰基 ETS-10 样品（E6～E12）进行 XRD 表征。XRD 衍射图谱如图 3.19 所示。

　　通过不同 pH 值粉煤灰基 ETS-10 的 XRD 衍射图谱可以看出 E6、E7、E8 三组样品在 $2\theta = 27°$ 附近仍然存在较强的衍射峰，同时 $2\theta = 12°$ 的峰强较弱，说明当 pH 值低于 10.7 时，杂质不能完全参与反应；从 E10 样品的 XRD 图谱中可以看出在 $2\theta = 7°$ 左右出现了衍射峰，说明得到的样品中生成了 ETS-10 分子筛，同时在 $2\theta = 30°$ 附近出现了两个衍射峰，说明生成了新的杂质；从 E11、E12 样品的 XRD 图谱中可以看出 $2\theta = 6°$、$25°$ 的衍射峰不存在了，同时在 $2\theta = 30°$ 附近出现了比较复杂的衍射峰，说明样品中没有生成 ETS-10 而是生成了新的杂质；从 E9 的 XRD 图谱可以看出，晶体生长良好，在 $2\theta = 6°$、$12°$、$25°$ 出现了比较明显的 ETS-10 的衍射峰，同时，几乎没有其他杂峰的出现，说明合成了纯度较高的粉煤灰基钛硅分子筛 ETS-10。

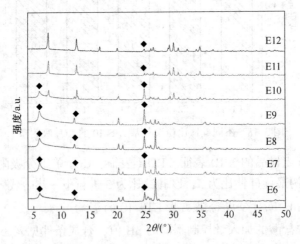

图 3.19　不同 pH 值粉煤灰基 ETS-10 的 XRD 衍射图谱

　　对七组不同 pH 值条件下的粉煤灰基 ETS-10 样品（E6～E12）进行 FTIR 表征，FTIR 图如图 3.20 所示。

　　从不同 pH 值条件下的 FTIR 图可以看出，波长 3600 cm^{-1} 左右的较大吸收峰、波长 1650 cm^{-1} 左右的明显吸收峰、波长 1000 cm^{-1} 和 750 cm^{-1} 的两个特征吸收峰依然存在。但是可以看出 E11、E12 在波长位置的吸收峰发生明显变形，如果在此条件下，样品骨架结构中的 Si—O—Ti 结构已经遭到破坏，而 E9 样品在这四个位置均出现了极为明显的吸收峰，说明内部结构生长良好，与 XRD 图谱得到的信息一致。

　　利用物理吸附仪对七组样品分别进行 CO$_2$ 吸附性能测试，得到的吸附曲线如图 3.21 所示。

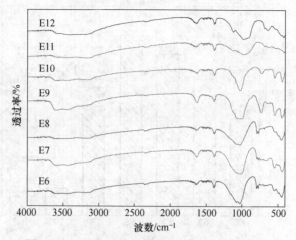

图 3.20 不同 pH 值粉煤灰基 ETS-10 的 FTIR 图

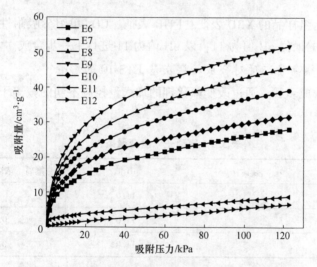

图 3.21 不同 pH 值粉煤灰基 ETS-10 的 CO_2 吸附曲线

通过对吸附曲线计算分析得到常压下七组样品的 CO_2 吸附量，如图 3.22 所示。

通过不同 pH 值条件下粉煤灰基 ETS-10 的 CO_2 吸附曲线可以看出，E6、E7、E8 样品对 CO_2 的吸附量分别为 1.15 mmol/g、1.63 mmol/g、1.93 mmol/g，说明当 pH 值低于 11 时，样品对 CO_2 吸附量随着 pH 值的增大而增大；从 E10、E11、E12 的吸附曲线可知，当 pH 值高于 11 时，样品对 CO_2 吸附量随着 pH 值的增大而减少，当 pH 值达到 12.3 之后，E11、E12 对 CO_2 的吸附量为 0.32 mmol/g 和 0.22 mmol/g，也就是说基本上不吸附 CO_2；而 E9 样品的 CO_2 吸附量最高，达到了 2.16 mmol/g。

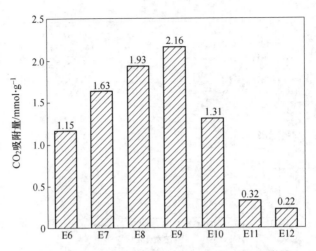

图 3.22　不同 pH 值粉煤灰基 ETS-10 的 CO_2 吸附量

综合分析七组样品的 XRD 表征、FTIR 表征、CO_2 单组分吸附性能，合成粉煤灰基 ETS-10 的最优 pH 值为 11，以 pH 值为 11 进行下一步合成。

3.3.2.3　氟离子浓度对合成粉煤灰基 ETS-10 的影响

根据上述合成步骤，通过改变氟化钾的加入量控制不同的氟离子浓度，合成条件见表 3.9。

表 3.9　氟离子浓度变量条件

样品名称	硅钛比	pH 值	氟离子浓度/mol·L^{-1}
E13	5	11.0	0
E14	5	11.0	0.08
E15	5	11.0	0.16

对不同氟离子浓度条件下的粉煤灰基 ETS-10 样品（E13～E15）进行 XRD 表征，XRD 衍射图谱如图 3.23 所示。

通过不同氟离子浓度条件下的粉煤灰基 ETS-10 的 XRD 衍射图谱可以看出：E13、E14 两组样品在 $2\theta = 6°$、$12°$、$25°$ 附近存在较强的衍射峰，且杂峰较少，说明合成的样品纯度较高；当氟离子浓度达到 0.16 mol/L 时，E15 样品的 XRD 图谱在 $2\theta = 7°$ 附近出现了一个比较明显的衍射峰，说明合成的样品中出现了新的杂质，同时，氟化钾是一种有毒物质，在研究中应尽量减少对氟化钾的使用。

对三组不同氟离子浓度条件下的粉煤灰基 ETS-10 样品（E13～E15）进行 FTIR 表征，得到的 FTIR 图如图 3.24 所示。

从不同氟离子浓度条件下 FTIR 图可以看出，波长 3600 cm^{-1} 左右的较大吸收

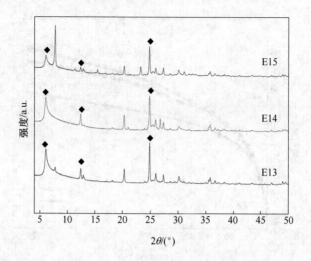

图 3.23　不同氟离子浓度粉煤灰基 ETS-10 的 XRD 衍射图谱

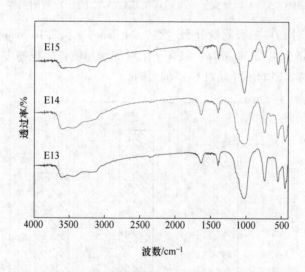

图 3.24　不同氟离子浓度粉煤灰基 ETS-10 的 FTIR 光谱图

峰、波长 1650 cm^{-1} 左右的明显吸收峰、波长 1000 cm^{-1} 和 750 cm^{-1} 的两个特征吸收峰依然存在。虽然三组样品均在四个位置出现吸收峰，但是相比于 E15，E13、E14 的吸收峰较明显，且杂峰较少，说明内部结构生长良好，与 XRD 图谱得到的信息一致。

　　不同氟离子浓度条件下的三组样品在 60 ℃下对 CO_2 的单组分吸附曲线如图 3.25 所示。

　　通过对吸附曲线的计算分析得到常压下三组样品的 CO_2 吸附量如图 3.26 所示。通过不同氟离子浓度条件下粉煤灰基 ETS-10 的 CO_2 吸附曲线可以看出，

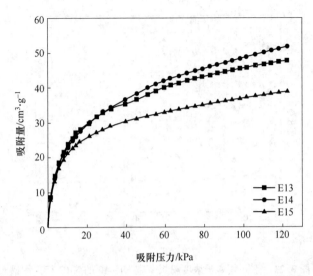

图 3.25   不同氟离子浓度粉煤灰基 ETS-10 的 CO_2 吸附曲线

E13、E14 样品对 CO_2 的吸附量分别达到 2.04 mmol/g 和 2.16 mmol/g，E15 样品对 CO_2 的吸附量为 1.65 mmol/g，氟离子浓度的增加使得生成物中含有大量未参与反应的氟化钾，影响了样品对 CO_2 的吸附。

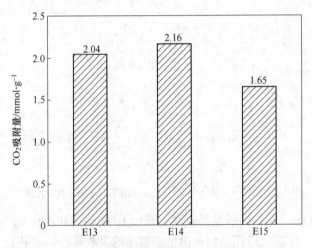

图 3.26   不同氟离子浓度粉煤灰基 ETS-10 的 CO_2 吸附量

综合分析以上三组样品的 XRD 表征、FTIR 表征以及样品对 CO_2 的单组分吸附性能，E14 样品的表征结果最好，且对 CO_2 的吸附量最大，因此，合成粉煤灰基 ETS-10 的最优氟离子浓度为 0.08 mol/L。

同时，得到了合成粉煤灰基钛硅分子筛 ETS-10 的最优合成条件：硅钛比为 5，pH=11.0，氟离子浓度为 0.08 mol/L。

3.3.3 沸石 ETS-10 的吸附性能与吸附特性

3.3.3.1 对最优条件下合成的粉煤灰基 ETS-10 样品的形貌分析

通过对 E1～E15 样品的研究，对性能最好的样品 E14 进行 SEM 分析，最优粉煤灰基 ETS-10 的扫描电镜图如图 3.27 所示。

图 3.27 为不同放大倍数下的粉煤灰基 ETS-10 的 SEM 图，从图中可以看出，E14 样品的主要晶体由无数个小颗粒堆积而成，经放大后可以看出样品的微观颗粒主要为方形椎体颗粒。与粉煤灰原样进行对比发现，样品中已经不含有粉煤灰原样中的球形玻璃体，说明粉煤灰已经充分发生了反应生成了新的物质，而样品的 SEM 图中颗粒分布更加均匀、大小更加均一，且没有发现其他形状的颗粒，说明合成的样品纯度较高。

图 3.27 粉煤灰基 ETS-10 的 SEM 图
(a) 放大 5 万倍；(b) (c) 放大 10 万倍；(d) 放大 20 万倍

同时，对最优条件下合成的粉煤灰基 ETS-10 进行性能研究。

3.3.3.2 粉煤灰基 ETS-10 的热稳定性研究

利用综合热分析仪对最优粉煤灰基 ETS-10 样品进行热稳定性测试，得到的失重曲线如图 3.28 所示。

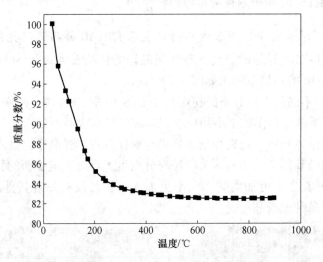

图 3.28　粉煤灰基 ETS-10 的失重曲线

从粉煤灰基 ETS-10 的失重曲线中可以看出，随着温度的升高，ETS-10 样品的质量分数逐渐降低，并且趋于平稳。

当温度区间为 30~200 ℃时，样品的质量急剧下降，原因是当温度急剧增加时，样品中所含的水分子、气体分子等与粉煤灰基 ETS-10 内部分子之间的吸附力急剧减弱，从而从粉煤灰基 ETS-10 的内部脱除；当温度区间为 200~900 ℃时，粉煤灰基 ETS-10 的质量仅有 3% 左右的变化，说明其内部结构没有被破坏，具有良好的热稳定性。

3.3.3.3　粉煤灰基 ETS-10 的 CO_2/N_2 吸附选择性能研究

吸附剂的 CO_2/N_2 吸附选择性能是评价吸附剂优劣的重要指标之一，本实验利用物理吸附仪分别在同一温度下对 CO_2 和 N_2 进行吸附测试，得到的吸附曲线如图 3.29 所示。

从粉煤灰基 ETS-10 的 CO_2/N_2 吸附曲线可以看出，样品对两种气体的吸附具有很大的不同，经计算分析，样品在常压下对 CO_2 的吸附量为 2.16 mmol/g，对 N_2 的吸附量为 0.58 mmol/g，吸附选择系数 3.72，表现出良好的 CO_2/N_2 吸附性能。

3.3.3.4　粉煤灰基 ETS-10 的吸附等温线

在制备新型吸附剂的过程中，我们必须对吸附剂表面的吸附平衡过程有深刻的理解，这对于预测吸附参数和定量地比较不同吸附剂系统都至关重要。吸附平衡过程通常以吸附曲线的形式表现。吸附曲线描述了污染物如何与吸附剂材料相互作用，对于优化吸附机理途径、表达吸附剂的表面性质和容量以及吸附的有效

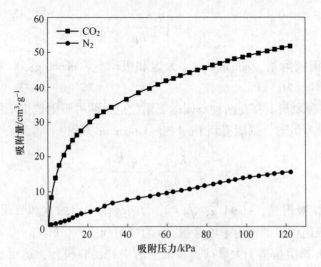

图 3.29 粉煤灰基 ETS-10 的 CO_2/N_2 吸附曲线

设计具有重要意义。

一般来说，吸附曲线描述了控制物质在恒定温度和 pH 值下从水性多孔介质或水生环境到固相的保留（或释放）或流动性的现象。当含有吸附质的相与吸附剂接触足够长的时间时，溶液中的吸附质浓度与吸附剂界面浓度处于动态平衡，也即吸附平衡建立。通常情况下，固体吸附剂中残留的吸附质的分压和该温度下的饱和分压的比值关系会被绘制成曲线图，用来分析吸附系统模型和指导吸附剂的制备。

等温吸附曲线和其他物理化学参数以及热力学假设结合，使研究者能够对吸附机理、吸附剂的表面性质和吸附剂的亲和力程度进行深入了解。经过多年的研究，一系列的平衡等温吸附模型已经被提出。这些模型都是基于热力学、动力学和势能理论三种基本理论建立的。需要指出的是，等温吸附模型建立时往往结合多种基本理论，因此不同的模型涉及的物理参数不尽相同。

Langmuir 提出了单分子层吸附理论。假设吸附剂表面有吸附场，当被吸附分子进行到吸附剂的场中才能被吸附，而被吸附的分子之间不存在任何作用力，吸附剂表面一般只能结合一个分子，并且在吸附剂的每一个吸附位点上吸附和脱附相互独立，所谓的吸附平衡也是一种动态的平衡，也就是说，当达到吸附平衡之后，在吸附剂表面仍然存在着吸附和脱附，只不过吸附和脱附之间处于平衡。在 Langmuir 模型的推导中，每个分子被认为具有恒定的焓和吸附活化能，也即吸附剂表面的所有位点对吸附质的结合力相同。吸附物在表面平面内没有迁移，一旦一个吸附质分子在吸附剂表面占据一个位点，那么在该位点处就不会发生进一步的吸附。Langmuir 型吸附等温式：

$$q = \frac{q_s Kp}{1 + Kp} \tag{3.1}$$

式中，q 为平衡吸附量，mmol/g；q_s 为饱和吸附量，mmol/g；K 为吸附平衡常数；p 为吸附剂压力，kPa。

当假定在吸附剂上存在两种不同的吸附位点，两种吸附位点上的吸附质均满足 Langmuir 模型吸附，则能得到 Dual-Site-Langmuir 方程：

$$q = \frac{q_1 K_1 p}{1 + K_1 p} + \frac{q_2 K_2 p}{1 + K_2 p} \tag{3.2}$$

式中，q 为平衡吸附量，mmol/g；q_1、q_2 为两吸附位点的饱和吸附量，mmol/g；K_1、K_2 为两吸附位点的吸附平衡常数；p 为吸附剂压力，kPa。

Freundlich 模型是基于大量试验基础上的一种经验模型，适用于表面不均匀的固体材料的多层吸附过程分析，也是最早摆脱单层吸附理论、描述非理想和可逆吸附的模型。根据 Freundlich 模型的观点，固体吸附剂表面每个位点都是具有键能的，只不过不同位点的键能有强弱之分。吸附量就是所有位点吸附的总和，而吸附质分子会优先占据键能更强的位点，直到吸附过程完成后，吸附剂的吸附能呈指数下降，Freundlich 型吸附等温式：

$$q = ap^n \tag{3.3}$$

式中，q 为平衡吸附量，mmol/g；a、n 为经验常数，在某一吸附体系中，一般与温度有关；p 为吸附剂压力，kPa。

Sips 等温线是 Langmuir 和 Freundlich 表达式的组合形式，用于预测非均相吸附系统并规避与 Freundlich 等温线模型相关的吸附物浓度上升的限制。在低吸附质浓度下，它降低到 Freundlich 等温线；而在高浓度下，Sips 模型预测 Langmuir 等温线的单层吸附容量特征，方程参数主要受吸附的参数条件的控制，例如 pH 值、温度和吸附质浓度的变化，Sips 方程为：

$$q = \frac{q_s (Kp)^m}{1 + (Kp)^m} \tag{3.4}$$

式中，q 为平衡吸附量，mmol/g；q_s 为饱和吸附量，mmol/g；K 为吸附平衡常数；p 为吸附剂压力，kPa；m 为吸附剂表面非均一性数值，当 m 为 1 时，模型转变为 Langmuir 模型。

Toth 模型是另一种基于大量实验数据提出的经验方程，是对 Langmuir 模型的优化，主要适用于非均相吸附体系的高浓度和低浓度吸附，Toth 吸附方程如下：

$$q = \frac{q_s Kp}{\left[1 + (Kp)^{\frac{1}{m}} \right]^m} \quad (3.5)$$

式中，q 为平衡吸附量，mmol/g；q_s 为饱和吸附量，mmol/g；K 为吸附平衡常数；p 为吸附剂压力，kPa；m 为吸附剂表面非均一性数值。

Dubinin-Radushkevich 方程是一个经验模型，最初设想用于按照孔隙填充机制将亚临界蒸汽吸附到微孔固体上。它通常用于表示非均匀表面上具有高斯能量分布的吸附机制。该模型通常能够很好地拟合高溶质活度和中等浓度范围的数据，但其渐近性质却不尽如人意，并且不能与低压力范围内的亨利定律拟合。该模型通常通过计算分子平均吸附自由能来区分金属离子的物理和化学吸附。Dubinin-Radushkevich 等温线模型的一个独特之处在于它与温度有关，当将不同温度下的吸附数据绘制为吸附量对数与势能平方的函数时，所有合适的数据将位于同一曲线上，称为特征曲线。Dubinin-Radushkevich 方程如下：

$$q = q_s \exp\left[D \ln^2\left(\frac{p_0}{p}\right) \right] \quad (3.6)$$

式中，q 为平衡吸附量，mmol/g；q_s 为饱和吸附量，mmol/g；D 为模型参数，mol^2/kJ^2；p 为平衡压力值，kPa；p_0 为饱和蒸气压，kPa。

以上为几种常见的平衡等温吸附模型。

利用 Langmuir 模型、DSL 模型、Freundlich 模型、Sips 模型、Toth 模型和 DR 模型对 60 ℃下粉煤灰基 ETS-10 对 CO_2 的吸附曲线进行拟合分析，拟合结果如表 3.10 和图 3.30 所示。

表 3.10　吸附平衡方程拟合结果

吸附平衡方程	方程参数	拟合结果	相关系数（R^2）
Langmuir	q_s/mmol·g^{-1}	2.42236	0.95937
	K	0.06804	
DSL	K_1	0.00902	0.99959
	K_2	0.40057	
	q_1/mmol·g^{-1}	2.33416	
	q_2/mmol·g^{-1}	1.08195	
Freundlich	a	0.49775	0.99624
	n	0.32026	
Sips	q_s/mmol·g^{-1}	5.41976	0.99912
	K	0.00403	
	m	0.45003	

吸附平衡方程	方程参数	拟合结果	相关系数（R^2）
Toth	q_s/mmol·g^{-1}	13.28164	0.99947
	K	2.29248	
	m	5.62677	
DR	q_s/mmol·g^{-1}	0.07397	0.99231
	D/mol^2·kJ^{-2}	0.00856	
	p_0/kPa	2.32389	

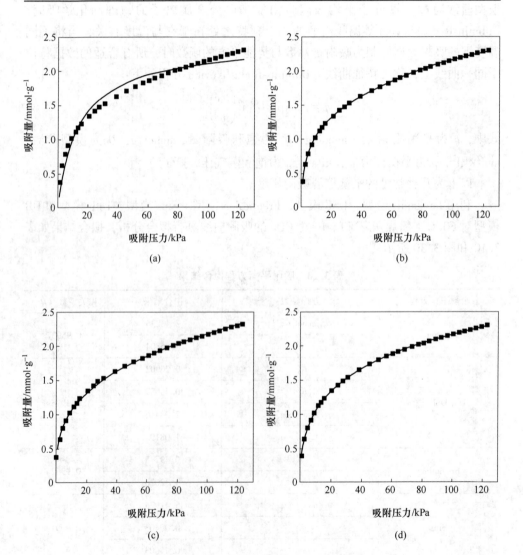

(a)

(b)

(c)

(d)

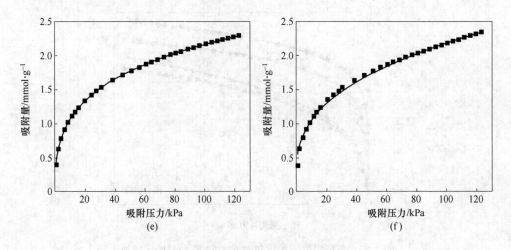

图 3.30　粉煤灰基 ETS-10 吸附 CO_2 拟合结果

（a）Langmuir 模型；（b）DSL 模型；（c）Freundlich 模型；（d）Sips 模型；（e）Toth 模型；（f）DR 模型

　　从拟合结果可看出，利用六种吸附模型进行拟合的相关系数均达到了 0.95 以上，说明六种模型都能很好地描述粉煤灰基 ETS-10 对 CO_2 的吸附过程，但是拟合值之间存在着不同的差异，这是由于拟合误差导致的，其中 DSL 模型的相关系数最大，达到了 0.99959，说明该模型能更好地说明粉煤灰基 ETS-10 对 CO_2 的吸附过程，拟合结果中饱和吸附量达到了 2.33416 mmol/g，进一步证明了样品具有良好的 CO_2 吸附性能。

3.3.3.5　粉煤灰基 ETS-10 的吸附热力学研究

　　对最优粉煤灰基 ETS-10 进行了吸附热力学研究，先后利用物理吸附仪测定样品在不同温度（本实验设置吸附温度为 0 ℃、30 ℃、60 ℃、90 ℃）下对 CO_2 的吸附曲线，并利用 DSL 模型对吸附等温线进行拟合分析，得到的结果如图 3.31 所示。

　　等量吸附热是反应吸附剂与被吸附气体分子之间作用力的最直接的参数，吸附过程中的吸附热与吸附量有关，根据 Clausius-Clapeyron 方程的推广公式计算吸附热 Q_{st}。

$$\ln p = -\frac{Q_{st}}{RT} \tag{3.7}$$

式中，p 为吸附压力，kPa；Q_{st} 为等量吸附热，kJ/mol；R 为理想气体常数；T 为吸附温度，K。

　　通过上述方程计算得到的结果如图 3.32 所示。

　　从粉煤灰基 ETS-10 的 CO_2 吸附热曲线可以看出，随着样品对 CO_2 吸附量的不断增加，吸附热逐渐减低，并逐渐趋于平稳，原因可能是在吸附量较低的时候

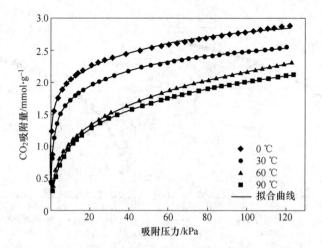

图 3.31　不同温度下粉煤灰基 ETS-10 的 CO_2 吸附曲线

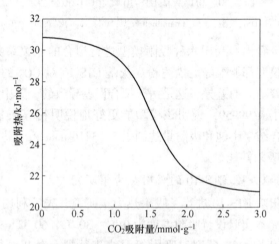

图 3.32　粉煤灰基 ETS-10 的 CO_2 吸附热曲线

吸附行为先发生在吸附位点活性较高的地方，随着吸附剂表面的覆盖率不断增加，吸附行为不断减弱，同时说明吸附剂的表面是非均匀的。

3.3.3.6　粉煤灰基 ETS-10 的 CO_2/H_2O 双组分吸附性能研究

对单组分吸附性能最优的样品进行 CO_2/H_2O 双组分吸附性能测试，对比单组分和双组分的吸附量，分析样品的耐水性能。在温度为 30 ℃下对粉煤灰基 ETS-10 进行 CO_2/H_2O 双组分吸附性能测试，如图 3.33 所示。从结果可知，随着相对湿度的不断增加，样品对 CO_2 的吸附量不断降低，当相对湿度为 0%时，样品对 CO_2 的吸附量为 2.48 mmol/g；当相对湿度为 22%时，吸附量为 1.05 mmol/g，吸附量为无水条件下吸附量的 42.3%；相对湿度为 31%时，吸附量为 0.88 mmol/g，吸附量为无水条件下吸附量的 35.5%；相对湿度为 55%时，吸附量为 0.63 mmol/g，

吸附量仅为无水条件下吸附量的 25.4%，说明水蒸气严重影响了粉煤灰基
ETS-10 对 CO_2 的吸附性能。

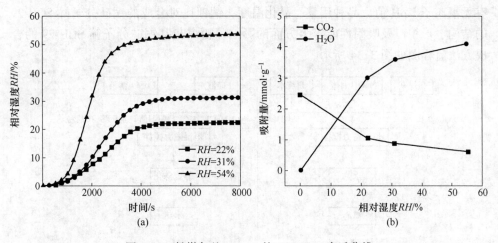

图 3.33　粉煤灰基 ETS-10 的 CO_2/H_2O 穿透曲线

(a) H_2O 穿透曲线；(b) CO_2/H_2O 吸附量

3.4　粉煤灰制备沸石 SGU-29

3.4.1　沸石 SGU-29 的制备方法

铜硅分子筛 SGU-29 是一种新型 CO_2 吸附材料，主要特点之一是在水蒸气存
在的条件下仍然保持良好的 CO_2 吸附性能。因此，粉煤灰基 SGU-29 具有良好的
发展前景。

合成粉煤灰基 SGU-29 的预合成方案与合成粉煤灰基 ETS-10 中提取硅液的合
成内容相类似：利用工业废弃物粉煤灰加入一定量的 NaOH 颗粒，在高压反应釜
中进行水热反应，利用离心机将生成物进行固液分离，得到的溶液即为硅酸钠溶
液，通过 XRF 分析检测溶液中的硅含量。

合成粉煤灰基 SGU-29 的方案如下：称取一定量的硫酸铜配制成一定浓度的
硫酸铜溶液逐滴加入一定量的硅液中，再逐滴加入稀硫酸控制反应体系的 pH
值，待混合均匀后逐滴加入硫酸铜溶液，搅拌一段时间后加入粉煤灰基 ETS-10
晶种、NaCl、KCl，室温下搅拌一段时间，将混合液静置陈化后转移至高压反应
釜中，在某一温度下晶化一段时间，最后将混合液进行洗涤、过滤、干燥等步骤
得到粉煤灰基 SGU-29 样品。并利用 XRD、FTIR、SEM、TGA 等表征手段对得到
的 SGU-29 样品的结构、形貌、性能进行分析，再通过物理吸附仪和穿透装置分
别对合成的 SGU-29 样品进行 CO_2 单组分吸附性能测试以及 CO_2/H_2O 双组分吸

附性能测试。

以华能某燃煤电厂的废弃物粉煤灰为原料，利用水热合成法进行合成，探究有无氟离子、pH 值、晶种用量、晶化温度、钠钾比对合成的铜硅分子筛 SGU-29 的结构、形貌以及吸附性能等多方面的影响。粉煤灰基铜硅分子筛 SGU-29 的合成方法流程图如图 3.34 所示。

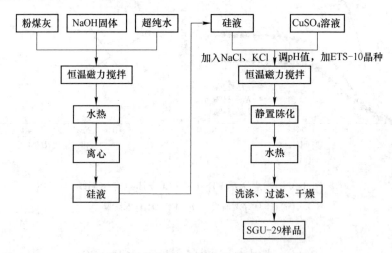

图 3.34　粉煤灰基 SGU-29 的合成方法流程图

合成过程分成两个部分，即从粉煤灰中提取硅和利用提取出来的硅液进行粉煤灰基铜硅分子筛 SGU-29 的合成，步骤如下：

（1）用量筒量取 150 mL 超纯水，用电子天平称取 50 g NaOH 固体后加入超纯水中，充分搅拌配制成 NaOH 溶液。

（2）用电子天平称取 60 g 粉煤灰原料，加入 NaOH 溶液中，在室温下经过恒温磁力搅拌器搅拌均匀后，将混合液放入到高压反应釜中。

（3）将高压反应釜的反应温度设置为 120 ℃、转速设置为 800 r/min、时间设置为 120 min。

（4）待反应结束后，将混合液移至干净烧杯，在室温的条件下使其完全冷却后，利用台式高速离心机将冷却后的混合液进行固液分离，上清液作为硅源备用。

（5）利用 X 射线荧光光谱仪测定硅液中的硅含量。

（6）用电子天平称取一定量的硫酸铜，按照硅铜比为 6 配制成硫酸铜溶液后，逐滴加入 100 mL 硅液中。

（7）向混合液中逐滴加入稀硫酸调节至不同的 pH 值。

（8）加入一定量 ETS-10 晶种、NaCl、KCl，在室温密闭的条件下搅拌 1 h，静置陈化 30 min。

（9）将混合液转移至高压反应釜中，215 ℃下晶化 4 天。

（10）经冷却后，将晶化产物用超纯水洗涤 3~5 次后，用循环水式多用真空泵对其进行抽滤，将得到的产物放入电热鼓风干燥箱，在 95 ℃真空条件下进行干燥后，进行充分的研磨，得到粉煤灰基铜硅分子筛 SGU-29。

3.4.2 沸石 SGU-29 的最佳合成条件探究

按照上述步骤，通过对不同合成条件下的粉煤灰基 SGU-29 样品进行表征分析及其 CO_2 单组分吸附性能研究，以得到粉煤灰基 SGU-29 的最优合成条件。

3.4.2.1 有无氟离子对合成粉煤灰基 SGU-29 的影响

根据上述步骤，利用 3.3.3.3 节提到的 E13、E14 作为无氟晶种和有氟晶种，在本合成过程中对于是否加入 KF 作为有氟体系和无氟体系，分别进行有氟晶种有氟体系、有氟晶种无氟体系、无氟晶种有氟体系、无氟晶种无氟体系四组对比样品，条件见表 3.11。

表 3.11 有无氟离子变量条件

样品名称	有无氟离子	pH 值	晶种用量/g	晶化温度/℃	钠钾比
S1	Y-Y	10.5	2	215	10
S2	Y-N	10.5	2	215	10
S3	N-Y	10.5	2	215	10
S4	N-N	10.5	2	215	10

对四组不同合成条件下合成的粉煤灰基 SGU-29 样品（S1~S4）进行 XRD 表征，控制扫描角度为 5°~50°，扫描速度为 4°/min，XRD 衍射图谱如图 3.35 所示。

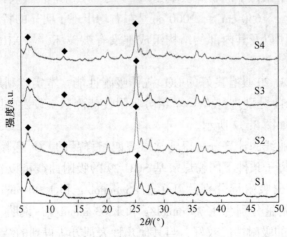

图 3.35 有无氟离子粉煤灰基 SGU-29 的 XRD 衍射图谱

通过有无氟离子条件下的粉煤灰基 SGU-29 的 XRD 衍射图谱可以看出，四组样品在 $2\theta=6°$、$12°$、$25°$ 均出现了较强的衍射峰，说明四组都合成了 SGU-29 样品，但是当使用有氟晶种进行合成时，S1、S2 图谱中的杂峰较少，说明结晶效果较好，S3、S4 图谱中的杂峰较多，另外在 $2\theta=7°$ 附近出现了一个明显的衍射峰，说明有氟晶种 ETS-10 对粉煤灰基 SGU-29 的合成具有促进作用，通过对比分析可知，晶种中的氟离子作用大于体系中的氟离子作用，晶种中是否有氟离子存在对合成粉煤灰基 SGU-29 起决定性作用。

对四组有无氟离子条件下的粉煤灰基 SGU-29 样品（S1~S4）进行 FTIR 表征，得到的 FTIR 图如图 3.36 所示。

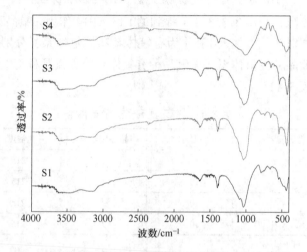

图 3.36   有无氟离子粉煤灰基 SGU-29 的 FTIR 光谱图

从有无氟离子条件下的粉煤灰基 SGU-29 的 FTIR 图中可以看出，四个样品在波长为 3600 cm^{-1}、1650 cm^{-1}、1000 cm^{-1} 左右均出现了明显的特征吸收峰，说明四组样品的官能团以及其内部的结构组成都没有被破坏，与 XRD 图谱得到的结论一致。

粉煤灰基 SGU-29 具有良好的 CO_2 气体吸附性能，本实验利用物理吸附仪对合成的样品 S1~S4 分别进行 CO_2 单组分吸附性能测试，设置吸附温度为 60 ℃，得到的吸附曲线如图 3.37 所示。

通过对吸附曲线的计算分析得到常压下四组样品的 CO_2 吸附量如图 3.38 所示。通过有无氟离子条件下的粉煤灰基 SGU-29 的吸附曲线可以看出，S1、S2 样品对 CO_2 的单组分吸附量分别达到了 1.85 mmol/g 和 1.90 mmol/g，S3、S4 对 CO_2 的单组分吸附量分别为 1.74 mmol/g 和 1.63 mmol/g，说明有氟晶种合成出来的样品对 CO_2 的吸附性能较好，与其他几种表征方法得到的结论一致。

综合分析四组样品的 XRD 表征、FTIR 表征、CO_2 单组分吸附性能，合成粉

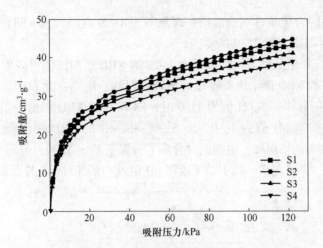

图 3.37 有无氟离子粉煤灰基 SGU-29 的 CO_2 吸附曲线

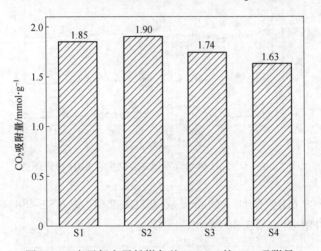

图 3.38 有无氟离子粉煤灰基 SGU-29 的 CO_2 吸附量

煤灰基 SGU-29 的最优条件为有氟晶种无氟体系，故选用有氟晶种无氟体系这一合成条件进行下一步合成。

3.4.2.2 pH 值对合成粉煤灰基 SGU-29 的影响

通过改变稀硫酸的加入量控制不同的 pH 值，合成条件见表 3.12。

表 3.12　pH 值变量条件

样品名称	有无氟离子	pH 值	晶种用量/g	晶化温度/℃	钠钾比
S5	Y-N	8.5	2	215	10
S6	Y-N	10.0	2	215	10
S7	Y-N	10.5	2	215	10
S8	Y-N	11.0	2	215	10

对四组不同合成条件下合成的粉煤灰基 SGU-29 样品（S5～S8）进行 XRD 表征，XRD 衍射图谱如图 3.39 所示。

通过不同 pH 值条件下粉煤灰基 SGU-29 的 XRD 衍射图谱可以看出，当 pH 值为 8.5 时，S5 的 XRD 图谱中基本没有出现衍射峰，说明在此 pH 值条件下，不能产生生长完好的晶体；当 pH 值为 11.0 时，S8 样品的 XRD 图谱中衍射峰较杂乱，说明杂质较多。当 pH 值为 10.0、10.5 时，S6、S7 的 XRD 图谱在 $2\theta = 6°$、$12°$、$25°$均出现了较强的衍射峰，说明此时合成了粉煤灰基 SGU-29，但是 S7 较 S6 而言衍射峰更明显，杂峰更少，以上结果说明 pH 值这一条件对合成样品影响较大。

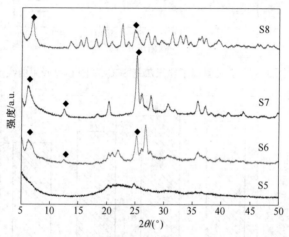

图 3.39　不同 pH 值粉煤灰基 SGU-29 的 XRD 衍射图谱

对四组不同 pH 值条件下的粉煤灰基 SGU-29 样品（S5～S8）进行 FTIR 表征，得到的 FTIR 图如图 3.40 所示。

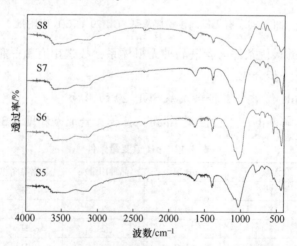

图 3.40　不同 pH 值粉煤灰基 SGU-29 的 FTIR 光谱图

从不同 pH 值条件下的粉煤灰基 SGU-29 的 FTIR 图中可以看出，四个样品在波长为 3600 cm^{-1}、1650 cm^{-1}、1000 cm^{-1} 左右均出现特征吸收峰，但是从图中可以看出 S5 和 S8 样品在 1000 cm^{-1} 处的吸收峰发生不同程度的变形，说明在这两个 pH 值条件下，其内部的 Si—O—Cu 链状结构遭到了不同程度的破坏，与 XRD 图谱得到的结论一致。

利用物理吸附仪对合成的样品 S5～S8 分别进行 CO_2 单组分吸附性能测试，得到的吸附曲线如图 3.41 所示。

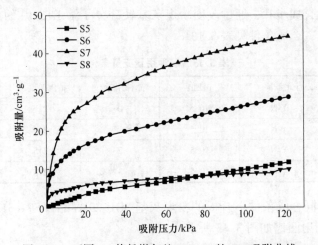

图 3.41 不同 pH 值粉煤灰基 SGU-29 的 CO_2 吸附曲线

通过对不同 pH 值条件下吸附曲线的计算分析得到常压下四组样品的 CO_2 吸附量如图 3.42 所示。

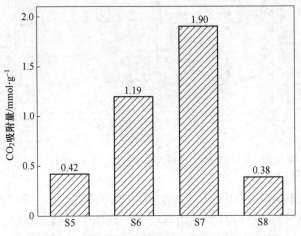

图 3.42 不同 pH 值粉煤灰基 SGU-29 的 CO_2 吸附量

通过不同 pH 值条件下粉煤灰基 SGU-29 的吸附曲线可以看出，S7 样品对 CO_2 的吸附量最大，达到了 1.90 mmol/g，S6 次之，达到了 1.19 mmol/g，S5 和 S8 样品对 CO_2 的吸附量仅为 0.42 mmol/g 和 0.38 mmol/g。说明在 pH=10.5 时合成的样品性能最好。

综合分析四组样品的 XRD 表征、FTIR 表征、CO_2 单组分吸附性能，合成粉煤灰基 SGU-29 的最优条件为 pH=10.5，故而选用此合成条件进行下一步合成。

3.4.2.3　晶种用量对合成粉煤灰基 SGU-29 的影响

根据上述合成步骤，通过改变粉煤灰基钛硅分子筛 ETS-10 的加入量控制不同的晶种用量，合成条件见表 3.13。

表 3.13　晶种用量变量条件

样品名称	有无氟离子	pH 值	晶种用量/g	晶化温度/℃	钠钾比
S9	Y-N	10.5	0	215	10
S10	Y-N	10.5	1	215	10
S11	Y-N	10.5	2	215	10
S12	Y-N	10.5	3	215	10

对四组不同合成条件下合成的粉煤灰基 SGU-29 样品（S9~S12）进行 XRD 表征，XRD 衍射图谱如图 3.43 所示。

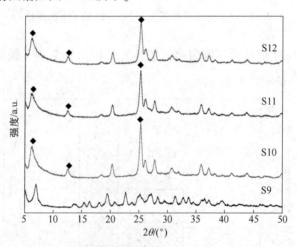

图 3.43　不同晶种用量粉煤灰基 SGU-29 的 XRD 衍射图谱

通过不同晶种用量条件下粉煤灰基 SGU-29 的 XRD 衍射图谱可以看出，当不使用晶种时，S9 样品的 XRD 图谱杂峰较多，晶体生长效果不好，但是当加入晶种后，S10、S11、S12 三组样品的 XRD 图谱相差不大，在 $2\theta=6°$、$12°$、$25°$ 均出现了较强的衍射峰，且杂峰较少，说明这三组实验都合成了粉煤灰基 SGU-29

样品。

对四组不同晶种用量条件下的粉煤灰基 SGU-29 样品（S9～S12）进行 FTIR 表征，得到的 FTIR 图如图 3.44 所示。

从不同晶种用量条件下的粉煤灰基 SGU-29 的 FTIR 图中可以看出，四个样品在波长为 3600 cm^{-1}、1650 cm^{-1}、1000 cm^{-1} 左右均出现特征吸收峰，且 S10、S11、S12 的特征峰形状一致，没有发生变形，说明此时样品内部结构没有被破坏，但是从 S9 样品中可以看出这三个位置的吸收峰均发生了不同程度的变化，说明不加晶种 ETS-10 时，不能合成粉煤灰基 SGU-29 样品，与 XRD 图谱得到的结论一致。

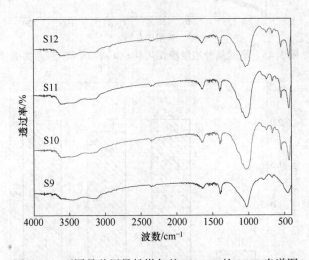

图 3.44　不同晶种用量粉煤灰基 SGU-29 的 FTIR 光谱图

利用物理吸附仪对合成的样品 S9～S12 分别进行 CO_2 单组分吸附性能测试，得到的吸附曲线如图 3.45 所示，通过对吸附曲线的计算分析得到常压下四组样品的 CO_2 吸附量如图 3.46 所示。

通过不同晶种用量条件下的粉煤灰基 SGU-29 的 CO_2 吸附曲线可以看出，S10、S11、S12 样品对 CO_2 的吸附量相差不大，都在 2.0 mmol/g 左右，S9 样品由于没有生长成完好的晶体而表现出较差的 CO_2 吸附性能，吸附量仅为 0.47 mmol/g。

综合分析四组样品的 XRD 表征、FTIR 表征、CO_2 单组分吸附性能，晶种的加入在合成过程中起到了决定性作用，有晶种时能够合成较好的粉煤灰基 SGU-29，没有晶种时不能合成粉煤灰基 SGU-29，出于节省原料和经济型效益考虑，本实验将采用晶种用量为 1 g 进行下一步合成。

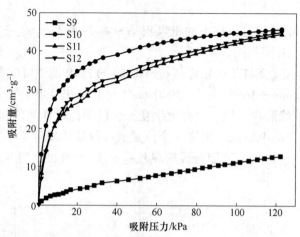

图 3.45　不同晶种用量粉煤灰基 SGU-29 的 CO_2 吸附曲线

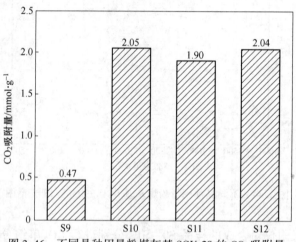

图 3.46　不同晶种用量粉煤灰基 SGU-29 的 CO_2 吸附量

3.4.2.4　晶化温度对合成粉煤灰基 SGU-29 的影响

根据上述步骤，通过控制电热鼓风干燥箱的温度控制不同的晶化温度，合成条件见表 3.14。

表 3.14　晶化温度变量条件

样品名称	有无氟离子	pH 值	晶种用量/g	晶化温度/℃	钠钾比
S13	Y-N	10.5	1	155	10
S14	Y-N	10.5	1	185	10
S15	Y-N	10.5	1	215	10

对三组不同晶化温度条件下合成的粉煤灰基 SGU-29 样品（S13~S15）进行

XRD 表征，XRD 衍射图谱如图 3.47 所示。

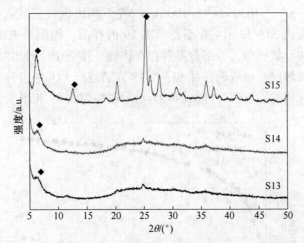

图 3.47 不同晶化温度粉煤灰基 SGU-29 的 XRD 衍射图谱

通过不同晶化温度条件下的粉煤灰基 SGU-29 的 XRD 衍射图谱可以看出，在晶化温度为 155 ℃和 185 ℃时，XRD 图谱中没有出现明显的衍射峰，说明 S13、S14 样品没有形成良好的晶体结构；而当晶化温度达到 215 ℃时，在 $2\theta = 6°$、12°、25°均出现了较强的衍射峰，且杂峰较少，说明样品纯度较高，由于合成条件的限制，没有对更高晶化温度的合成条件进行探究，同时出于节能考虑，当晶化温度为 215 ℃时能合成生长良好的粉煤灰基 SGU-29，不需要进行更高晶化温度的探究。

对三组不同晶化温度条件下的粉煤灰基 SGU-29 样品（S13～S15）进行 FTIR 表征，得到的 FTIR 图如图 3.48 所示。

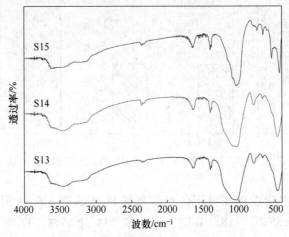

图 3.48 不同晶化温度粉煤灰基 SGU-29 的 FTIR 光谱图

从不同晶化温度条件下的粉煤灰基 SGU-29 的 FTIR 图中可以看出，三个样品在波长为 3600 cm^{-1}、1650 cm^{-1}、1000 cm^{-1} 左右均出现特征吸收峰，而 XRD 图谱中可以明显看出 S13 和 S14 并不是 SGU-29 的样品，原因是 ETS-10 和 SGU-29 的吸收峰位置和形状相似，有部分晶种存在仍能在这三个位置出现吸收峰。

利用物理吸附仪对合成的样品 S13~S15 分别进行 CO_2 单组分吸附性能测试，得到的吸附曲线和常压下四组样品的 CO_2 吸附量如图 3.49 和图 3.50 所示。

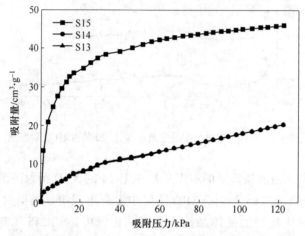

图 3.49　不同晶化温度粉煤灰基 SGU-29 的 CO_2 吸附曲线

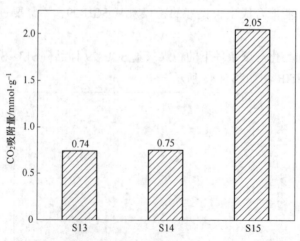

图 3.50　不同晶化温度粉煤灰基 SGU-29 的 CO_2 吸附量

通过对不同晶化温度条件下的粉煤灰基 SGU-29 的 CO_2 吸附曲线可以看出，当晶化温度为 155 ℃、185 ℃ 时，S13 和 S14 样品对 CO_2 的吸附量分别为 0.74 mmol/g 和 0.75 mmol/g，合成结果表明当晶化温度低于 185 ℃ 时，不能合成粉煤灰基 SGU-29，S15 样品对 CO_2 的吸附量为 2.05 mmol/g，说明在此晶化温度下合成的样品对 CO_2 的吸附性能较好。

综合分析以上三组样品的 XRD 表征、FTIR 表征、CO_2 吸附性能，合成粉煤灰基 SGU-29 的最优晶化温度为 215 ℃，故选用此晶化温度进行下一步探究。

3.4.2.5 钠钾比对合成粉煤灰基 SGU-29 的影响

根据上述合成步骤，通过控制 NaCl、KCl 的加入量控制不同的钠钾比，合成条件见表 3.15。

表 3.15 钠钾比变量条件

样品名称	有无氟离子	pH 值	晶种用量/g	晶化温度/℃	钠钾比
S16	Y-N	10.5	1	215	0
S17	Y-N	10.5	1	215	5
S18	Y-N	10.5	1	215	10
S19	Y-N	10.5	1	215	20
S20	Y-N	10.5	1	215	30
S21	Y-N	10.5	1	215	∞

对六组不同钠钾比条件下合成的粉煤灰基 SGU-29 样品（S16~S21）进行 XRD 表征，XRD 衍射图谱如图 3.51 所示。

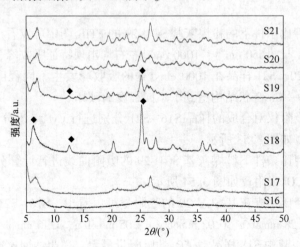

图 3.51 不同钠钾比粉煤灰基 SGU-29 的 XRD 衍射图谱

通过对不同钠钾比条件下的粉煤灰基 SGU-29 的 XRD 图谱可以看出，当钠钾比为 0 时，即反应体系中无钠（提取硅液时使用氢氧化钾），S16 样品几乎没有产生任何衍射峰，说明在无钠体系中不能合成 SGU-29；当钠钾比为 5 时，S17 样品在 $2\theta=6°$、$25°$ 产生衍射峰，但是峰强较小，衍射峰不明显，且有其他杂峰；

当钠钾比大于 20 时，从 S19、S20、S21 的对比中发现 $2\theta = 25°$ 的特征峰峰强越来越弱，而杂峰 $2\theta = 27°$ 却越来越强，且杂峰越来越多，说明随着钠钾比的增加，合成样品的性能在逐渐减弱，而 S18 样品中衍射峰位置、峰强、杂峰数量较其他几组均表现优异，故 S18 晶体结构最好。

对六组不同钠钾比条件下的粉煤灰基 SGU-29 样品（S16~S21）进行 FTIR 表征，得到的 FTIR 图如图 3.52 所示。

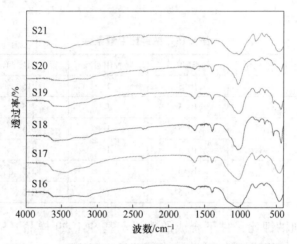

图 3.52　不同钠钾比粉煤灰基 SGU-29 的 FTIR 光谱图

从不同钠钾比条件下的粉煤灰基 SGU-29 的 FTIR 图中可以看出，六个样品在波长为 3600 cm^{-1}、1650 cm^{-1}、1000 cm^{-1} 左右均出现特征吸收峰，但是从图中可以看出 S16、S20、S21 样品在 1000 cm^{-1} 处的吸收峰发生不同程度的变形，说明其内部的 Si—O—Cu 链状结构遭到了不同程度的破坏。

利用物理吸附仪对合成的样品 S16~S21 分别进行 CO_2 单组分吸附性能测试，得到的吸附曲线如图 3.53 所示。

对不同钠钾比条件下粉煤灰基 SGU-29 的吸附曲线进行计算分析，得到常压下四组样品的 CO_2 吸附量如图 3.54 所示。

从不同钠钾比粉煤灰基 SGU-29 的吸附量可以看出，S16~S21 样品对 CO_2 的吸附量分别为 0.28 mmol/g、0.92 mmol/g、2.05 mmol/g、1.46 mmol/g、1.07 mmol/g 和 0.71 mmol/g，其中 S18 样品对 CO_2 的吸附量最大，说明钠钾比这一条件直接影响粉煤灰基 SGU-29 对 CO_2 的吸附性能。

从上述探究结果中可以得到：钠钾比为 10 时，得到的样品性能最佳，故合成粉煤灰基 SGU-29 的最佳钠钾比为 10。

通过对上述 21 个样品的 XRD 表征、FTIR 表征以及对 CO_2 的单组分吸附性能进行综合分析，不同的合成条件对粉煤灰基 SGU-29 的合成具有不同的影响，其

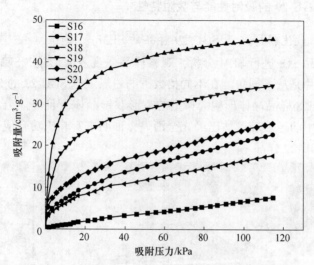

图 3.53 不同钠钾比粉煤灰基 SGU-29 的 CO_2 吸附曲线

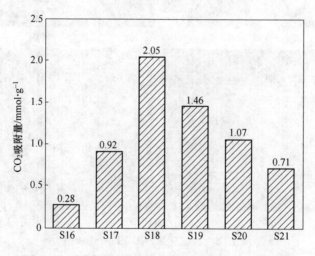

图 3.54 不同钠钾比粉煤灰基 SGU-29 的 CO_2 吸附量

中晶种中的氟离子对粉煤灰基 SGU-29 晶体结构的形成具有促进作用；pH 值这一条件对合成样品影响较大，当 pH 值小于 8.5 或者大于 11 时，不能合成晶体结构完好的粉煤灰基 SGU-29；当晶化温度小于 185 ℃时，合成的样品没有晶体结构；而钠钾比这一条件直接影响粉煤灰基 SGU-29 对 CO_2 的吸附性能。因此，合成粉煤灰基 SGU-29 的最优条件：有氟晶种无氟体系、pH=10.5、晶种用量为 1 g、晶化温度为 215 ℃、钠钾比为 10。

3.4.3　沸石 SGU-29 的吸附性能与吸附特性

3.4.3.1　最优粉煤灰基 SGU-29 样品的 SEM 表征

对最优样品 S18 进行 SEM 分析，观察样品微观表面形貌，SEM 图如图 3.55 所示。四张图片是从不同角度在不同倍数下的粉煤灰基 SGU-29 的 SEM 图，从图中可以看出，S18 样品晶体形貌为典型的方形双锥晶体，且晶体分布均匀、大小一致，粉煤灰中的球形玻璃体已经完全消失，证明本实验成功合成出来纯度较高的粉煤灰基 SGU-29 样品。

图 3.55　粉煤灰基 SGU-29 的 SEM 图

（a）放大 1 万倍；（b）放大 3 万倍；（c）放大 8 万倍；（d）放大 10 万倍

3.4.3.2　粉煤灰基 SGU-29 的热稳定性研究

利用综合热分析仪对最优粉煤灰基 SGU-29 样品进行热稳定性测试，按照前文所述具体操作步骤，得到的失重曲线如图 3.56 所示。

从粉煤灰基 SGU-29 的失重曲线中可以看出，随着温度的不断升高，粉煤灰基 SGU-29 样品的质量分数逐渐降低，并且趋于平稳。

当温度区间为 30~200 ℃时，样品的质量急剧下降，原因主要是当温度急剧增加时，样品中所含的水分子、气体分子等与粉煤灰基 SGU-29 内部分子之间的

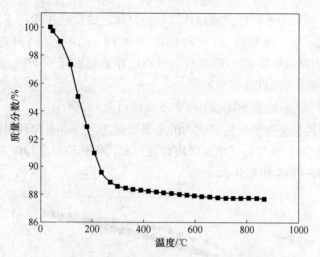

图 3.56 粉煤灰基 SGU-29 的失重曲线

吸附力大大减弱，从而使其从样品的内部脱除；当温度区间为 200~900 ℃时，样品的质量分数变化不大，仅有1%左右的变化。

以上结果说明粉煤灰基 SGU-29 样品的内部结构没有被破坏，粉煤灰基 SGU-29 具有更好的热稳定性。

3.4.3.3 粉煤灰基 SGU-29 的 CO_2/N_2 吸附选择性能研究

利用物理吸附仪进行最优粉煤灰基 SGU-29 样品的 CO_2/N_2 吸附选择性能研究，得到的吸附曲线如图 3.57 所示。

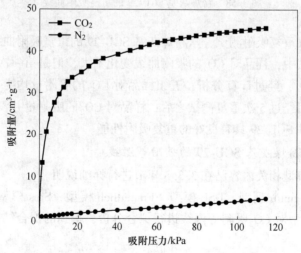

图 3.57 粉煤灰基 SGU-29 的 CO_2/N_2 吸附曲线

从粉煤灰基 SGU-29 的 CO_2/N_2 吸附曲线中可以看出，样品对 CO_2 和 N_2 的吸附量表现出了明显的差异性，经过计算分析可知，该样品在常压下对 CO_2 的吸附量为 2.05 mmol/g，而对 N_2 的吸附量仅为 0.18 mmol/g，吸附选择系数高达 11.39，相较于粉煤灰基 ETS-10 晶种，吸附选择系数提高了 3 倍，是一种具有良好的 CO_2/N_2 吸附选择性能的吸附剂。

3.4.3.4　粉煤灰基 SGU-29 的重复吸附性能研究

重复吸附性能是评价吸附剂优劣的重要指标之一，本实验利用物理吸附仪对最优粉煤灰基 SGU-29 进行了重复吸附性能测试，得到的最优粉煤灰基 SGU-29 样品的重复吸附曲线如图 3.58 所示。

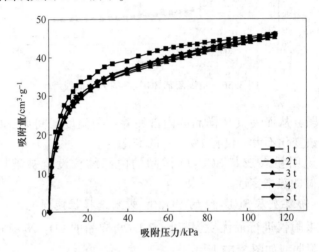

图 3.58　粉煤灰基 SGU-29 的重复吸附曲线

共完成 5 次重复吸附测试，从粉煤灰基 SGU-29 的重复吸附曲线中可以看出，在重复吸附测试中，样品对 CO_2 的吸附曲线变化不大，但是第一次吸附测试的平衡时间相对较短，经过计算分析，五组样品对 CO_2 的吸附量均为 2 mmol/g 左右的吸附量，说明经过 5 次重复测试之后，样品对 CO_2 的吸附量并没有发生明显的变化，粉煤灰基 SGU-29 具有良好的重复吸附性能。

3.4.3.5　粉煤灰基 SGU-29 的吸附等温线

等温吸附模型相关内容已在 3.3.3.4 节进行详细说明。

分别用 Langmuir 模型、DSL 模型、Freundlich 模型、Sips 模型、Toth 模型和 DR 模型六种模型对 CO_2 吸附等温线进行拟合分析，得到的拟合结果如图 3.59 和表 3.16 所示。

从拟合结果可以看出，六种模型的相关系数均达到了 0.9 以上，说明六种模型能很好地描述样品对 CO_2 的吸附过程，拟合结果较合理，但是由于拟合存在误差，因此不同的模型之间拟合结果存在差异，其中 DSL 模型的相关系数最大，达到了 0.99967，拟合结果中饱和吸附量达到了 2.05465 mmol/g，进一步证明了样品具有良好的 CO_2 吸附性能。

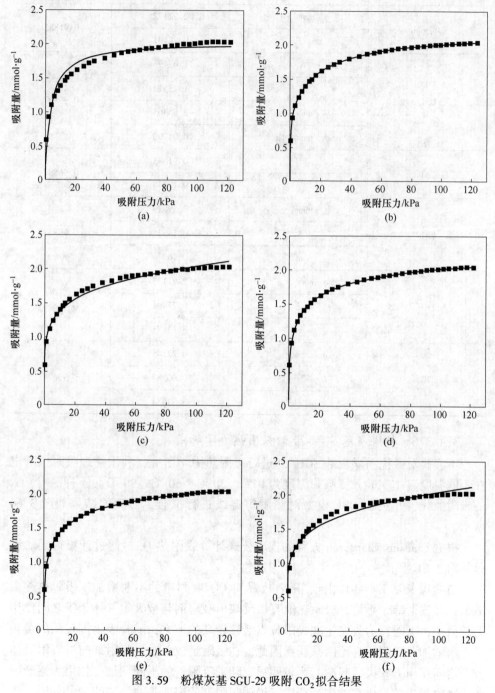

图 3.59　粉煤灰基 SGU-29 吸附 CO_2 拟合结果

（a）Langmuir 模型；（b）DSL 模型；（c）Freundlich 模型；（d）Sips 模型；（e）Toth 模型；（f）DR 模型

表 3.16 吸附平衡方程拟合结果

吸附平衡方程	方程参数	拟合结果	相关系数（R^2）
Langmuir	$q_s/\text{mmol} \cdot \text{g}^{-1}$	2.02172	0.91883
	K	0.28191	
DSL	K_1	1.07496	0.99967
	K_2	1.13513	
	$q_1/\text{mmol} \cdot \text{g}^{-1}$	2.05465	
	$q_2/\text{mmol} \cdot \text{g}^{-1}$	0.04790	
Freundlich	a	0.91683	0.96887
	n	0.17448	
Sips	$q_s/\text{mmol} \cdot \text{g}^{-1}$	2.59829	0.99853
	K	0.14336	
	m	0.46370	
Toth	$q_s/\text{mmol} \cdot \text{g}^{-1}$	2.91125	0.99830
	K	6.77491	
	m	3.13178	
DR	$q_s/\text{mmol} \cdot \text{g}^{-1}$	0.22145	0.95674
	$D/\text{mol}^2 \cdot \text{kJ}^{-2}$	0.00388	
	p_0/kPa	3.94554	

3.4.3.6 粉煤灰基 SGU-29 的吸附热力学研究

本实验对最优粉煤灰基 SGU-29 进行吸附热力学研究，利用物理吸附仪测定在不同温度（本实验设置吸附温度为 0 ℃、30 ℃、60 ℃、90 ℃）下样品对 CO_2 的吸附曲线，并利用 DSL 模型对吸附等温线进行拟合，得到的结果如图 3.60 所示。

根据 Clausius-Clapeyron 方程的推广公式计算吸附热 Q_{st}，通过计算得到的结果如图 3.61 所示。

与粉煤灰基 ETS-10 相同，随着样品对 CO_2 吸附量的不断增加，吸附热逐渐减低，并逐渐趋于平稳，吸附热能直接反映出吸附剂与被吸附气体分子之间作用力的大小，吸附行为先发生在吸附位点活性较高的地方，随着吸附剂表面的覆盖率不断增加，吸附行为不断减弱，因此，在吸附量较低时，吸附剂与被吸附气体分子之间作用力较大，吸附行为较明显，随着吸附量的不断增加，作用力逐渐减弱，吸附行为的发生存在先后顺序，说明吸附剂的表面是非均匀的。

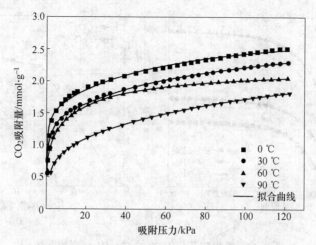

图 3.60　不同温度下粉煤灰基 SGU-29 的 CO_2 吸附曲线

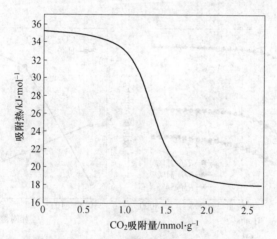

图 3.61　粉煤灰基 SGU-29 的 CO_2 吸附热曲线

3.4.3.7　粉煤灰基 SGU-29 的 CO_2/H_2O 双组分吸附性能研究

对单组分吸附性能最优的样品进行 CO_2/H_2O 双组分吸附性能测试，对比单组分和双组分的吸附量，分析样品的耐水性能。

对粉煤灰基 SGU-29 在 30 ℃条件下进行 CO_2/H_2O 双组分吸附性能测试，同时对常规吸附剂菱沸石的 CO_2/H_2O 双组分吸附性能进行对比分析，得到的 CO_2/H_2O 穿透曲线如图 3.62 和图 3.63 所示，并对菱沸石、粉煤灰基 ETS-10、粉煤灰基 SGU-29 三种材料在不同湿度条件下的吸附情况进行对比分析，结果见表 3.17。

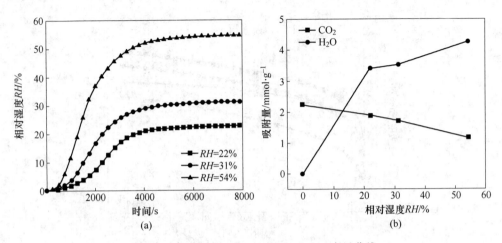

图 3.62　粉煤灰基 SGU-29 的 CO_2/H_2O 穿透曲线

（a）H_2O 穿透曲线；（b）CO_2/H_2O 吸附量

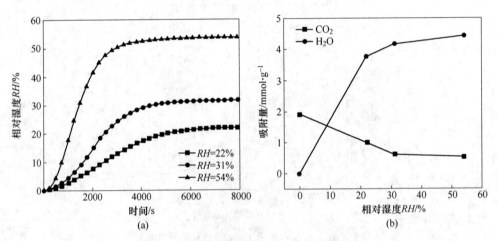

图 3.63　沸石 CHA 的 CO_2/H_2O 穿透曲线

（a）H_2O 穿透曲线；（b）CO_2/H_2O 吸附量

表 3.17　三种吸附剂在不同湿度下的 CO_2/H_2O 吸附量

样品	$RH=0\%$	$RH=22\%$	$RH=31\%$	$RH=54\%$
沸石 CHA	1.92/0	0.98/3.77	0.61/4.15	0.53/4.44
ETS-10	2.48/0	1.05/2.98	0.88/3.58	0.63/4.10
SGU-29	2.22/0	1.89/3.39	1.72/3.52	1.16/4.24

　　从粉煤灰基 SGU-29 样品在不同湿度下的 CO_2/H_2O 吸附量数据可知，当相对湿度为 0% 时，吸附量高达 2.22 mmol/g；相对湿度为 22% 时，吸附量为

1. 89 mmol/g，吸附量为无水条件下吸附量的 85.1%；相对湿度为 31% 时，吸附量为 1.72 mmol/g，吸附量为无水条件下吸附量的 77.5%；相对湿度为 54% 时，吸附量为 1.16 mmol/g，吸附量为无水条件下吸附量的 52.3%。当相对湿度为 0% 时，菱沸石对 CO_2 的吸附量达 1.92 mmol/g；相对湿度为 22% 时，吸附量为 0.98 mmol/g，吸附量为无水条件下吸附量的 51.0%；相对湿度为 31% 时，吸附量为 0.61 mmol/g，吸附量为无水条件下吸附量的 45.8%；相对湿度为 54% 时，吸附量为 0.53 mmol/g，吸附量仅为无水条件下吸附量的 27.6%。

虽然随着相对湿度的不断增加，吸附剂对 CO_2 的吸附量不断降低，但是相比于常规吸附剂，菱沸石和粉煤灰基 ETS-10、粉煤灰基 SGU-29 受水蒸气影响较小，当相对湿度在 30% 以下时，粉煤灰基 SGU-29 对 CO_2 的吸附量能达到无水条件下的近 80%，当相对湿度达到 54% 时，吸附量仍然能达到 50% 以上，说明粉煤灰基 SGU-29 对 CO_2/H_2O 具有良好的双组分吸附性能，验证了 SGU-29 在有水蒸气存在的情况仍具有良好的 CO_2 吸附性能这一预想。

3.5　小　　结

本章以工业固体废弃物粉煤灰为原料，对粉煤灰合成三种不同的沸石 CHA、ETS-10、SGU-29 进行了研究。利用粉煤灰为原料制备 CO_2 吸附剂，在解决了粉煤灰堆积问题的同时改善了温室效应带来的环境问题，达到 "一举两得" 的目的。因此国内不少学者也对粉煤灰制备沸石进行了研究，制备出了高 CO_2 吸附性能的沸石，可应用于烟道气中 CO_2 的分离和回收。本章主要的研究对象为粉煤灰基沸石 CHA、粉煤灰基 ETS-10 和粉煤灰基 SGU-29。

（1）探究利用粉煤灰合成了质量稳定、性能可靠的沸石 CHA 的最佳工艺，并且在最佳工艺的基础上通过单一变量法依次改变煅烧温度、煅烧时间、硅铝比、液固比、碱灰比、晶化温度和晶化时间来分析所合成的沸石晶型和结晶度变化，从而得出基于此流程的最优条件。利用粉煤灰制备的沸石具有较高的纯度及结晶度，且在 60 ℃下对 CO_2 具有良好的吸附选择性。合成方法可用于不同品质粉煤灰的回收利用，粉煤灰基沸石 CHA 具备了良好的 CO_2 气体吸附性能。

（2）利用粉煤灰为原料，采用水热合成法能合成纯度较高、性能较好的ETS-10。探究合成粉煤灰基 ETS-10 的最优合成条件，分别设置了五组不同硅钛比、七组不同 pH 值、三组不同氟离子浓度的合成条件，对粉煤灰基 ETS-10 的合成条件进行优化，最终通过不同的表征手段、吸附性能研究、拟合分析得到最优样品；同时，样品具有良好的热稳定性和不错的 CO_2 吸附性能。

（3）利用粉煤灰为原料，采用水热法可以合成出性能较好的 SGU-29 分子筛。利用华能某电厂的粉煤灰为原料，采用水热法合成粉煤灰基 SGU-29 样品，从 SEM、FTIR、TGA 的表征结果可以看出粉煤灰已经完全参与反应，生成的样品为铜硅分子筛 SGU-29，且样品具有良好的热稳定性。粉煤灰基 SGU-29 具有良好的应用前景，在 CO_2/H_2O 双组分吸附性能方面明显优于其他吸附剂。通过对常用吸附剂菱沸石、粉煤灰基 ETS-10、粉煤灰基 SGU-29 三种吸附剂进行 CO_2 单组分和 CO_2/H_2O 双组分吸附性能对比分析，在无水条件下，三种样品均表现出了良好的 CO_2 吸附性能，但是在有水蒸气存在的情况下，相较于前两种吸附剂，粉煤灰基 SGU-29 所受影响更小。

参 考 文 献

［1］许力，孔亚宁，谢国帅，等．我国粉煤灰综合利用现状综述［J］．福建建材，2012（3）：16-18.

［2］王福元，吴正严．粉煤灰利用手册［M］．北京：中国电力出版社，1999：63-69.

［3］郭新亮．燃煤电厂粉煤灰综合利用技术研究［D］．西安：长安大学，2009.

［4］Qi L Q, Yuan Y T. Characteristics and the behavior in electrostatic precipitators of high-alumina coal fly ash from the Jungar power plant, Inner Mongolia, China［J］. Journal of Hazardous Materials, 2011, 192（1）：222-225.

［5］姚哲．粉煤灰特性及其浮选法脱炭的试验研究［D］．西安：西安科技大学，2010.

［6］韩媛芝，翟金双，王永山．浅谈发电厂粉煤灰危害及综合利用［J］．河北环境科学，2004，12（3）：46-49.

［7］刘关宇．粉煤灰综合利用现状及前景［J］．科技情报开发与经济，2010，20（19）：167-170.

［8］李国栋．粉煤灰的结构、形态与活性特征［J］．粉煤灰综合利用，1998（3）：37-40.

［9］张雪峰，郭俊温，贾晓林，等．粉煤灰沸石合成研究新进展［J］．硅酸盐通报，2011，30（1）：120-124.

［10］Holler H, Wirsching U. Zeolite formation from fly ash［J］. Forchr Miner, 1985（63）：21-43.

［11］Hollman G, Steenbruggen G, Janssen-Jurkovičová M. A two-step process for the synthesis of zeolites from coalfly ash［J］. Fuel, 1999, 78（10）：1225-1230.

［12］Berkgaut V, Singer A. High capacity cation exchanger by hydrothermal zeolitization of coal fly ash［J］. Applied Clay Science, 1996, 10（5）：369-378.

［13］Zhao X S, Lu G Q, Zhu H Y. Effects of ageing and seeding on the formation of zeolite Y from Coal Fly Ash［J］. Journal of Porous Materials, 1997, 4（4）：245-251.

［14］Tanaka H, Fujii A, Fujimoto S, et al. Microwave-assisted two-step process for the synthesis of a single-phase Na-A zeolite from coal fly ash［J］. Advanced Powder Technology, 2008, 19（1）：83-94.

［15］Lin Z, Rocha J, Navajas A, et al. Synthesis and characterisation of titanosilicate ETS-10 membranes［J］. Microporous & Mesoporous Materials, 2004, 67（1）：79-86.

4 煤矸石制备吸附剂

随着中国矿业领域的高速发展，煤矸石作为煤炭开采和洗选过程中的伴随产物已然成为这一领域的重大难题，它不仅给生产造成了严重的阻碍，而且给环境造成了沉重的负担。煤矸石是煤炭采集和应用过程中产生的一种低热值的固体废弃物，其采出量大，约为原煤产量的 10%~20%，是三大工业废渣之一，与第 3 章讲述的粉煤灰同属于煤基固废。煤矸石主要由高岭石、石英、云母等非金属矿物组成，化学组成以 SiO_2 和 Al_2O_3 为主，这些成分正是合成沸石的主要原料。因此，利用煤矸石合成沸石等吸附剂不仅可以实现资源的再利用，而且还能减少其对环境和社会造成的负担，达到"以废治废"的目的，与绿色低碳的发展理念不谋而合。

4.1 煤矸石的理化性质

煤矸石的主要来源有三种，见表 4.1。

表 4.1 煤矸石来源及其所占比例

煤矸石来源	掘进过程中产生煤矸石	采煤过程中产生煤矸石	洗煤过程中产生煤矸石
所占比例/%	45	35	20

煤矸石的组成成分十分丰富且多样，由于产地和种类的不同，煤矸石的元素含量和种类略有差异，通常以 Al、Si 元素为主，并含有不等量的 Fe、Ca、Mg、K、Na、Ca 等元素和 U、Ga、Ge、V、Hg、Cr、Sc、Mn、Pb 等微量及痕量元素，甚至也可能含有稀土元素，见表 4.2，因此煤矸石被视为一种重要的次生资源。

表 4.2 煤矸石的主要化学成分表（质量分数）　　　　（%）

来源	SiO_2	Al_2O_3	Fe_2O_3	K_2O	MgO	CaO	TiO_2	Na_2O	其他	燃烧失重
西安	66.31	21.04	4.08	3.38	1.31	1.13	0.65	1.30	0.36	
攀枝花	58.26	21.13	5.92	4.79	4.62	2.36	1.47	0.32	1.03	
渭南	45.14	26.97	1.21	1.02	0.32	0.47	0.51	0.21		
长治	37.80	21.20	2.50	1.40	0.30	2.60	0.90			33.20
鄂尔多斯	33.50	27.96	1.68	0.35	0.48	1.11	0.74	0.17	0.53	34.24

但由于煤的成煤环境和开采条件的不同，煤矸石的组成具有地域性特征。Al_2O_3/SiO_2 的质量比可以反映煤矸石的矿物组成，可作为确定煤矸石利用领域的依据。当 Al_2O_3/SiO_2 质量比<0.30 时，煤矸石的主要矿物成分为石英和长石，高岭石等黏土矿物仅占少数。当 $0.30<Al_2O_3/SiO_2$ 质量比<0.50 时，石英和长石含量降低。当 $Al_2O_3/SiO_2>$ 质量比为 0.50 时，主要矿物成分为高岭石，可作为生产高档陶瓷、煅烧高岭石和沸石的原料。

4.2　以煤矸石为原料制备沸石

沸石分子筛是具有均匀微孔，主要由硅、铝、氧及其他一些金属离子构成的多孔材料。因其具有优良的离子交换、催化和吸附性能，常用作吸附剂、干燥剂、洗涤剂和催化剂，广泛应用于石油化工、精细化工、农业、环境保护等领域。煤矸石主要物相成分为 SiO_2 和 Al_2O_3，与沸石分子筛相似的成分为其合成沸石分子筛提供可能。经过多年的研究，目前利用煤矸石合成了 A、13X、Y、P、ZSM-5 等多种种类的沸石分子筛，广泛应用到吸附、催化和医疗等领域。

4.2.1　原煤矸石性质及煤矸石的预处理

煤矸石可以提供分子筛生成所需的硅、铝组分，但是，其中硅、铝元素的反应活性有待提高，并且煤矸石中存在许多不利于沸石化过程的杂质。因此，在合成分子筛之前，通常需要对其进行预处理，包括磁选、研磨、煅烧、酸浸等。

4.2.1.1　磁种分选预处理法

磁种分选预处理是一种分选弱磁性或无磁性矿物的工艺，它是在一定条件下添加天然磁种或人工磁种，通过磁种与这些矿物的异质凝聚或选择性黏附作用增强细粒矿物的磁性，从而借助于磁选机进行分离。郑水林等人应用此法，在磁场强度大于 1.2 T 的高梯度磁选机中对矿浆进行分选，使煤矸石中的 Fe_2O_3 和 TiO_2 的脱除率达到 40%~50%。磁种分选法虽然在一定程度上减少了煤矸石中铁、钛等杂质的含量，但是脱铁、钛效果一般，并且由于不同地区的煤矸石其成分及杂质的含量也各不相同，多数杂质不具备磁性，所以此法并没有被大范围地应用。

4.2.1.2　粒度细化

粒度细化主要通过研磨来实现，提高了煤矸石的理化性质，对后续利用具有重要作用。研磨可显著减小煤矸石的粒径，增加比表面积，改善其表面结构，有利于杂质的暴露和进一步去除。此外，研磨作用可以通过产生缺陷位点和促进煤基固体废物的溶解来提高煤基固体废物的化学反应性。然而，研磨对煤矸石沸石化的影响不足，不能完全破坏其中高岭石的初级结构，因此，通常需要在粉碎后进行化学活化，以提供其作为制备沸石原料的潜在活性。

4.2.1.3 煅烧

与单纯的研磨相比，煤矸石可通过高温煅烧得到更彻底的活化。有机杂质可以通过燃烧的方式除掉。高岭石在煅烧过程中转化为偏高岭土（>500 ℃）。进一步提高煅烧温度可以分解其他黏土矿物和偏高岭土，形成活性 SiO_2 和 Al_2O_3（>900 ℃）。然而，煅烧需要更多的能量，一些其他矿物杂质（磁铁矿、赤铁矿、石灰和硬石膏）不能在煅烧过程中有效去除。

4.2.1.4 酸处理

煤矸石中含有多种不利于沸石合成的碱金属氧化物（Fe_2O_3、CaO、MgO 和 TiO_2）。这些杂质的存在会影响沸石的成核和结晶，且无法通过研磨和煅烧去除这些杂质。因此，需要在预处理阶段采用酸处理来去除这些杂质。对煤矸石粉末进行酸溶预处理工艺，这样做不仅可以极大地减少煤矸石中的炭质有机物和含铁矿物等杂质，还可以得到白度达 90% 以上、结构松散、颗粒细化、孔隙和裂隙发育良好的煤矸石预处理样品。

通常用于酸处理的原料包括盐酸、硝酸和硫酸，其中盐酸是最常用的。煤矸石中铁和碱金属氧化物的含量经酸处理可显著降低，甚至能够达到微量水平，从而大大提高了煤矸石的沸石化性能。在酸处理的过程中，煤矸石原料表面发生酸蚀和塌陷，导致 Al_2O_3 部分溶解，使得硅铝比增加。最后，通过酸处理可以提高沸石产品的应用性能。但不可忽视的是，酸处理需要高浓度的酸，容易形成二次污染。在当前实验室制备沸石的研究中，由于此法操作过程简单和原料来源广泛，一直都被广泛地使用。但是由于加入酸的浓度、酸处理时间和温度等因素对生成沸石的白度、粒度和结晶度等都有一定的影响，所以如何能得到一个酸浓度的最佳值，还需要进一步地探索和研究。

4.2.2 沸石的合成过程

目前利用煤矸石合成沸石的方法主要有水热结晶法、结构导向剂水热结晶法、碱熔融辅助水热结晶法、超声或微波辅助水热结晶法、两步法、熔盐法以及无溶剂法等。通过合理选用合成方法并调整制备参数，能够以不同硅铝比的煤矸石为原料合成不同类型的分子筛（如 Na-X、Na-Y、Na-P、Na-A 及方钠石等）。但是，一些具有特殊结构的分子筛（如 ZSM-5、SSZ-13、ZK-5 等），更易通过结构导向剂水热结晶法合成。当使用石英和长石含量较高的煤矸石时，最好选用具有额外辅助（碱熔融、超声波、微波）的方法，以优化煤矸石的沸石化过程。

4.2.2.1 水热结晶法

水热结晶法是最早从煤基固体废弃物中合成沸石的方法。将煤矸石混合后进行水热结晶，碱液老化处理，经过滤、洗涤、干燥得到沸石产品，如图 4.1 所示。

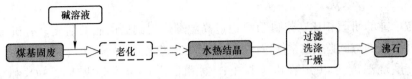

图 4.1　水热结晶法流程图

（1）传统水热结晶法。传统水热结晶法是最早提出的利用矿物制备沸石的一种途径。将煤矸石与一定浓度碱液混合，通过控制反应参数，陈化一段时间后再转入不锈钢水热合成反应釜中，通过高压反应得到不同类型的沸石分子筛。通过传统水热结晶法以煤矸石为原料合成沸石已有报道，并合成了多种沸石。然而，传统的水热结晶法合成沸石的周期过长且转化率有限。用传统的水热结晶法从煤矸石中制备沸石，还需要进行煅烧预处理以去除碳。以 720 ℃煅烧 1 h 的煤矸石为原料，在水热反应釜中合成 4 A 沸石。煅烧煤矸石（650 ℃、2 h）通过水热结晶过程合成立方沸石，得到的产品比表面积为 64.28 m²/g。一般情况下，传统水热结晶法制得的煤基固体废物沸石产品是多种沸石的混合物，Izidoro 等人制备了含有羟基钙辉石、Na-P1 和 Na-X 沸石的产品。此外，该产品有未转化的废物，目标沸石的比例通常在 45%~81%（质量分数）的范围内。

水热结晶工艺参数对煤矸石沸石化过程有不同的影响。煤矸石的矿物组成影响着沸石的种类，如钙含量高的煤矸石有利于 Na-P1 沸石的形成，而铝含量高的煤矸石有利于 Na-X 沸石的形成。此外，钾元素的存在还导致了 Na-P1 沸石或/和钙辉石的存在。不同的沸石有着不同的硅铝比，因此，初始混合物中 SiO_2/Al_2O_3 的比例影响合成沸石的类型。碱在溶解煤矸石中硅、铝和沸石的形成中起着重要作用。OH^- 有助于煤基固体废物的溶解，Na^+ 是沸石结晶的主要因素，K^+ 是沸石合成的抑制因素。此外，适宜的碱度对于沸石合成至关重要，初始混合物的高碱度有利于沸石的合成，而过高的碱度会抑制沸石的形成和生长。同样，温度也是关键的影响因素之一，较高的温度对煤矸石中铝、硅的提取和利用有积极的影响，而过高的温度会降低沸石的结晶度，促进方钠石结构的形成。

传统水热结晶法将煤矸石转化为沸石的机理已经得到了系统的研究。传统的合成沸石的水热结晶过程有三个步骤：溶解、冷凝和结晶，具体可分为以下几部分：

1）煤矸石中的 Si^{4+} 和 Al^{3+} 在碱的作用下被萃取；

2）碱溶液中的硅酸盐离子和铝酸盐离子冷凝形成相对有序的铝硅酸盐凝胶；

3）铝硅酸盐凝胶逐渐转化为沸石晶体并不断生长；

4）进一步反应，以牺牲初始亚稳相为代价形成更多的稳定相。

（2）非常规水热结晶法。在传统水热结晶法的基础上加入搅拌，使其形成动态水热结晶过程。例如，Koukouzas 等人在动态不锈钢反应器中进行了结晶反应，混合产物含有各种沸石。Xie 等人还采用动态水热结晶法合成了 Na-P1 沸石。此外，在一定温度范围内提高动态水热结晶反应温度有利于分子筛的形成，进而合成含钾沸石。

超临界水热结晶综合利用了超临界水的气液输运和表面张力低的特性，以煤基固体废物为原料，在极短的反应时间内，在高温下合成沸石。Wang 在 400 ℃条件下采用超临界水热结晶，仅耗时 5 min 就合成了沸石。在 5~30 min 范围内，增加反应时间有利于提高沸石的稳定性。反应时间小于 10 min 时主要生成钙霞石沸石，大于 15 min 时主要生成钙质沸石。在 380~420 ℃时，400 ℃时得到结晶度最高的沸石；然而，温度对沸石的类型没有影响。

低温水热结晶通常在低温下进行，需要很长的结晶时间。Grela 等人将初始混合物置于室温（21 ℃）下 30 天，每天摇匀，所得产物的 Na-X 沸石含量为 50%（质量分数），比表面积为 213 m^2/g。Gross-Lorgouilloux 在 30 ℃和常压下合成了 Na-X。可溶性硅的加入可提高原料的转化率 [26%~27%（质量分数）]，增加约 5%（质量分数）和八面沸石的含量 [约 30%（质量分数）而不是 20%~25%（质量分数）]；然而，八面沸石的形成时间将大幅增长（约 50 天而不是约 20 天）。整个合成过程可分为 4 个步骤：

1）煤基固废溶解形成富硅（Si/Al≈2 或更高）的非晶态铝硅酸盐中间体；

2）原料中的硅继续溶解，导致 Al 进一步析出，形成局部有序的富铝区，当 Si/Al 摩尔比接近 1.5 时，逐渐形成八面骨架结构晶体；

3）结晶反应处于亚稳平衡状态，母液中 Si 和 Al 的浓度基本恒定；

4）八面骨架结构会逐渐溶解再结晶成 Na-P1 沸石，但溶解度较低（仅发生在没有可溶硅的反应体系中）。

总的来说，采用水热结晶法和纯制剂合成沸石的过程一样简单。然而，水热结晶需要较长的反应时间。此外，由于煤矸石中硅、铝的活性和利用率不足，合成沸石的产率和纯度较低，导致其中含有未反应的原料，且产品的颗粒大小受原煤矸石的影响较大。

4.2.2.2　结构导向剂水热结晶法

结构导向剂包括水合碱阳离子（如 Na$^+$、K$^+$）、有机模板（如有机胺、季铵阳离子）和沸石晶种。这些试剂具有结构模板、结构定向、空间填充和框架电荷平衡等作用，已被广泛应用于优化沸石合成工艺和分子筛产品的性能。在沸石合成过程中，水合碱阳离子对骨架电荷的平衡至关重要，因此，在结构导向工艺中主要的区别是是否使用有机模板剂或沸石晶种进行沸石合成。

（1）采用有机模板剂的水热结晶法。有机模板在与其他材料混合时具有明显的结构导向作用。有机模板必须在沸石合成工艺完成后通过高温煅烧去除，因此，在沸石产品中可以形成不同结构特征的孔隙。典型的有机模板水热结晶过程如图4.2所示。

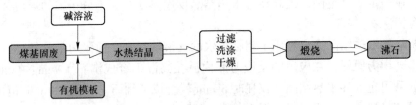

图4.2　采用有机模板剂的水热结晶法流程图

该有机模板主要用于以煤矸石为原料合成新型沸石，如以N,N,N-三甲基-1-金刚烷基氢氧化铵为结构导向剂，以煤矸石为原料合成SSZ-13沸石。加入十六烷基三甲基溴化铵可制得HMAS分子筛，四丙基氢氧化铵和四丙基溴化铵均可作为制备ZSM-5型沸石的有机模板。此外，有机模板的去除温度通常为550 ℃。添加有机模板剂还可以优化煤基固体废物的沸石化过程。Han等人发现N,N,N-三甲基-1-金刚烷基氢氧化铵能够加速［AlO_4］和SSZ-13分子筛的形成。

综上所述，采用有机模板剂的水热结晶法可合成纯度高的特异性沸石。但是，有机模板剂的价格相对较高。沸石合成工艺完成后，需要高温煅烧去除有机模板剂，而该工序会产生有毒有机污染物气体。

（2）晶种法。晶种法是以已存在的沸石晶粒来诱导硅铝凝胶的成核、结晶过程，该法中新晶体的生长在外加晶种的基础上完成，大大缩短晶化时间，另一面晶种又起到导向作用，定向选择合成分子筛的类型，获得纯度和结晶度较高的产物。该方法采用沸石晶种与其他物料的混合物进行水热结晶，然后经过滤、洗涤、干燥得到沸石产品。沸石晶种可诱导靶沸石的形成和高效生长，靶沸石的粉体和前驱凝胶均可作为沸石晶种。沸石晶种水热结晶的典型过程如图4.3所示。

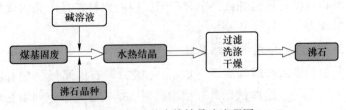

图4.3　晶种水热结晶法流程图

Larosa提出了晶种合成的概念，在沸石合成过程中，他发现人为加入天然沸石可以大大减少合成所需时间并防止杂晶生成，采用晶种法可以合成结晶度高、晶粒形貌完整的 ZSM-5 型沸石及 Y 型沸石。Cardoso 等人以纯 Na-P1 沸石为晶种，以煤基固废为原料合成 Na-P1 沸石，添加 4%（质量分数）纯 Na-P1 沸石后，沸石收率提高了 9%（质量分数）［由 60%（质量分数）提高到 69%（质量分数）］；然而，较高的晶种添加量［8%（质量分数）］对沸石的形成没有进一步的影响。

采用晶种法合成煤矸石基沸石，晶种可以诱导硅铝凝胶的顺序，促进目标沸石的形成和生长，缩短结晶时间，提高产物的结晶度。晶种法可以避免有机模板剂的使用；然而，并不是所有已知骨架结构的沸石都可以用这种方法合成。此外，在煤矸石未完全活化的情况下，晶种的作用十分有限。

4.2.2.3　碱熔融-水热合成法

碱熔融-水热合成法是先将煤矸石原料与碱性活化剂混合，通过煅烧形成共融体，然后利用水热合成反应得到需要的沸石分子筛，流程图如图 4.4 所示。其中常见的碱性活化剂有 NaOH 和 Na_2CO_3，其反应化学式分别为：

$$Al_2O_3 \cdot 2SiO_2 \cdot 2H_2O + 6NaOH \longrightarrow 2Na_2SiO_3 + 2NaAlO_2 + 5H_2O$$

或

$$Al_2O_3 \cdot 2SiO_2 \cdot 2H_2O + 3Na_2CO_3 \longrightarrow 2Na_2SiO_3 + 2NaAlO_2 + 2H_2O + 3CO_2 \uparrow$$

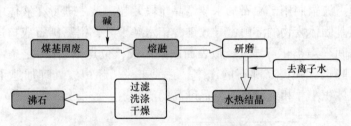

图 4.4　碱熔融-水热合成法流程图

相比于传统水热合成法，该法能将原料中很难溶的莫来石和石英等成分在水热处理前经过活化转化为硅铝酸盐，使反应体系中的硅铝成分活性大大增加。以煤矸石为原料利用碱熔融-水热法合成的 Na-X 沸石，其理化性质可与商用的 Na-X 沸石相媲美。碱熔融水热结晶产物中的八面骨架较水热结晶法产物中的明显增强。采用碱熔融低温水热结晶的方法，可得到以 Na-X 沸石为主要结晶相的产物（钠锌矿、Na-A 和 Na-X 沸石的混合物）。

碱熔融-水热法中的碱性熔合可促进煤矸石转化为易溶于碱性溶液的铝硅酸盐。因此，在水热结晶阶段可快速生成 Al-Si 过饱和溶液，在短时间内可形成结晶度高的沸石。碱度的提高有利于煤矸石的分解，有利于水热反应中碱度的提高和沸石质量的提高，同时，较高的碱度会导致形成稳定的沸石：方钠石和钙霞石。

沸石的产率和结晶度随着熔融温度的升高而增加，而当熔融温度过高时，会形成大量烧结的玻璃状骨料，这对沸石的合成产生了负面影响。碱熔融温度对合成沸石的类型也有影响，首先合成 Na-X 沸石（亚稳相），在较高的温度下才会合成稳定沸石。此外，熔融时间的增加会导致煤矸石原料分解的加快。与水热结晶类似，在碱熔融水热结晶过程中，水热阶段的时间、温度和碱度对沸石的类型和性质有重要影响。采用碱熔融-水热法成功地利用高铁高砂型劣质煤矸石，在400 ℃低温条件下合成了较为纯净的 4A 分子筛产品，大幅度地降低了煅烧活化的温度，使节能环保成为现实。

现在碱熔融-水热法已经逐渐地进入了沸石分子筛制备的试验中，它的优点越来越多地被人所认识。利用碱熔融-水热法不仅可以充分活化煤矸石中的硅、铝组分，而且还可以活化石英、云母等惰性杂质，减小它们对合成沸石结构的影响，提高煤矸石的利用率。但其缺点是合成产品中有杂晶且白度不达标，因此往往需要酸浸预处理来提高白度，对环境会造成二次污染。

4.2.2.4　超声辅助结晶法

超声辅助结晶法是在水热合成法的基础上，在晶化之前将混合物用超声波处理一段时间，以达到辅助晶化的效果，流程图如图 4.5 所示。在超声辅助水热结晶法中，超声波辐照用于沸石的水热结晶阶段。超声波处理可在液体中形成声空化，加速煤基固体废物的溶解，导致硅、铝水解聚合，提高沸石成核速率，缩短沸石合成时间（声空化可导致类似表面缺陷的成核位点），在一定条件下使反应所需的温度降低，并提高沸石的产率，一般来说，超声波处理加速了沸石的形成，产生了体积小、相纯度高、结晶度高的沸石。

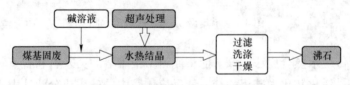

图 4.5　超声辅助结晶法流程图

然而，也有研究人员认为，直接进行超声处理后的水热结晶过程不能合成沸石。研究表明，超声照射后进行常规加热，"早期超声处理"，即在水热过程前超声处理，增强了煤矸石的溶解，抑制了非晶态硅铝凝胶中间体的沸石化。在"后期超声处理"中，常规加热后超声照射，超声处理的空化现象加速了沸石的结晶速度，沸石相明显增强。最后，经过 1 h 的常规加热和 3 h 的超声处理，合成了以 Na-P1 沸石为主要晶相的产物。缩短"早期超声处理"的时间，将混合物在室温下超声处理 15 min，水热结晶 4 h 后，可得到收率接近 90%（质量分数）的 Na-X 沸石产品。

超声辅助水热结晶可以缩短沸石的合成时间，提高沸石产品的理化性能，降低能耗。然而，超声波处理只能促进煤矸石中非晶态相的溶解，而不能促进晶态相的溶解。超声辅助水热结晶的机理尚不清楚。

4.2.2.5 微波辅助水热法

微波辅助水热法是在传统水热法的基础上，采用微波加热，做到均匀快速加热的方法，独特的加热方式（极性分子和离子与电磁场的相互作用）使微波加热的加热速度和均匀性优于常规加热，流程图如图4.6所示。

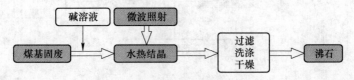

图4.6 微波辅助水热法流程图

研究表明，常规加热与微波加热相结合对分子筛的合成有积极的影响。更重要的是，沸石（Na-A沸石和Na-P1沸石）不能仅通过微波加热来合成。微波处理的积极效果与目标沸石的类型和合成工艺有关。完全微波处理不利于合成亚稳态沸石。而完全微波辐照则有利于钙辉石和锂辉石的合成。

该方法具有较快的反应速度，节省能源利用，显然，简单的微波辐射可以有效地改善煤矸石的溶解度和沸石化过程，从而快速获得高纯度的沸石产品。但该方法在应用上也存在一定争议，缺乏大规模的工业应用。

4.2.2.6 两步法

两步法也叫碱溶法，是基于传统的一步法（即水热合成法）的方法，流程图如图4.7所示。传统的一步法将煤矸石的碱溶过程与硅铝凝胶的结晶过程相结合，而两步法将碱溶过程与结晶过程分离。即通过活化煤矸石中的有效成分，经过碱溶后将其转移到溶液中，利用溶液中的硅铝酸盐经过调节配比后晶化得到沸石分子筛，主要步骤为：煤矸石—煅烧—碱溶—过滤—硅铝酸盐—调配比—晶化，而其中又可细分为以下三种方法：

（1）碱溶萃取-水热结晶。碱溶-水热结晶是最常见的两步法，通过碱溶过程从煤矸石中提取硅和铝。采用碱溶和水热结晶两步法合成沸石，合成了纯度大于95%（质量分数）的Na-P1沸石和Na-X沸石，并制备了含有部分钙辉石和非晶态材料的Na-A沸石产品。而传统水热结晶法得到的Na-P1沸石的质量分数仅为40%~45%（质量分数）。

（2）碱熔融萃取-水热结晶。碱熔融萃取-水热结晶与碱熔融-水热法相似；而两步法中碱熔融产物的浆液经过过滤，仅用滤液合成沸石。

（3）分级萃取-水热结晶（碱熔酸浸出）。分级提取可充分利用煤矸石中的硅、铝，但是在这个过程中需要用到酸，Zhang 在提取中采用了分级处理法，从煤基固废中依次提取硅和铝。经碱熔融（800 ℃煅烧 3 h）和酸处理（煤基固废/HCl（3 mol/L）= 1g：10 mL）后，得到 91.4%（质量分数）Si 和 90.2%（质量分数）Al。以 NaOH 和 NaBr 为钠源，采用水热结晶法分别合成了纯度为 90.57%（质量分数）、87.82%（质量分数）和 96.66%（质量分数）、94.24%（质量分数）的 Na-P1 沸石。

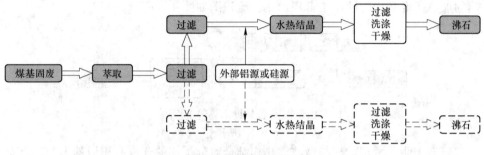

图 4.7　两步法流程图

在提高产品纯度方面，两步法可能更有利，因为它避免了煤矸石中硅和铝以外的成分参与沸石化过程。然而，它的过程复杂，耗时较长，硅和铝不能完全提取，碱耗量很大。因此，煤矸石利用率较低，甚至可能产生二次固体废物和酸碱废液。

4.2.2.7　熔盐法

熔盐法是将煤矸石、碱、盐的混合物在熔融盐的高温下直接结晶形成沸石，整个过程不用水，流程图如图 4.8 所示。其中，碱既作为沸石的填充剂，又可影响分裂化合物的表面键；而盐既可作为溶剂替代水热法中的水，又可使沸石的多孔结构稳定。然而，利用熔盐法合成的沸石其离子交换量较低，在实际生产中受到一定的限制。Park 等人将煤基固废与盐（KNO_3、$NaNO_3$ 或 NH_4NO_3）和碱（KOH、NaOH 或 NH_4F）的混合物熔合在一起，在合成过程中，熔融氢氧根（NaOH）作为矿化剂和结构稳定剂，而熔融盐（$NaNO_3$ 或 KNO_3）似乎作为溶剂和结构稳定剂。结果还证明了 Na^+ 的沸石化能力大于 K^+，这可能是由于较小的

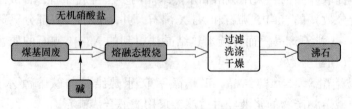

图 4.8　熔盐法流程图

阳离子与原料的反应活性更高，因此 NaOH-NaNO$_3$ 体系的产物比 NaOH-KNO$_3$ 体系具有更好的结晶度。

目前，熔盐法的工艺还没有得到很好的研究。这种方法可以消除结晶过程中所需的水，从而避免产生碱性液体废物，这对于缺水地区的煤基固体废物的利用可能是极其重要的。但煤基固体废物转化为沸石的转化率较低，结晶过程中各组分接触不足，导致沸石产物形态不规则。此外，高温的长期维持增加了能源消耗的成本。

4.2.2.8 无溶剂法

无溶剂法是一种无水合成沸石的方法。与熔盐法不同，无溶剂法不需要各种可以作为"溶剂"的盐，也不需要高温煅烧，流程图如图 4.9 所示。

图 4.9 无溶剂法流程图

无溶剂法与熔盐法相似，避免了盐的使用和高温煅烧，是一种更加节能和低成本的沸石合成方法。但由于反应体系中水用量很少，煤矸石和活化剂混合不均匀，难以反应完全，导致合成的沸石分子筛性能较差。

综上所述，以煤矸石为代表的煤基固废沸石分子筛的合成方法多样。随着对煤基固废合成沸石分子筛研究的深入，开始考虑制备成本、产物纯度、规模化生产工艺路线以及在合成过程中污染物等影响因素，针对不同类型的沸石分子筛，选用不同的合成工艺。

4.3 煤矸石制备沸石在吸附方面的应用

以煤矸石为原料制备的沸石具有优良的吸附能力、离子交换能力、比表面积和孔隙结构。理论上，煤基固废沸石可以应用于商业沸石的所有应用领域，每种沸石的应用领域也不同。较低的硅铝比沸石（如 Na-X、Na-Y、Na-A、Na-P1 沸石等）导致了较高的阳离子交换容量。这些沸石在需要强离子交换能力的应用领域（如去除水中和土壤中的重金属离子，作为催化剂和抗菌的载体等）具有很高的潜力。具有高硅铝比的沸石（如 ZSM-系列沸石）具有非凡的亲脂性、热稳定性和酸稳定性，因此在某些有机催化转化过程中具有突出的优势；另一个有趣的点是沸石离子交换和吸附能力的孔径效应，只有孔径小于沸石孔径的靶粒子才能进入沸石孔隙。因此，孔径大（0.73 nm）、阳离子交换容量高（5 mmol/g）的 X 沸石已广泛应用于吸附和离子交换等领域。本节将重点介绍煤基固体废物沸石在环境污染修复方面的应用。

4.3.1　治理水污染

近年来对煤矸石沸石在水污染治理领域的应用进行了广泛的研究。大多数研究都是在实验室条件下进行的，使用的是实际废液或含有特定污染物的模拟溶液。

4.3.1.1　重金属的去除

我国是一个燃煤大国，煤炭作为我国的主要能源，开采量和消耗量巨大。其中煤矸石的堆积及煤炭预处理的洗煤流程，均会产生含有大量重金属的有害物质。大量的重金属未达标排放，造成的水体、土壤污染给国家造成了极大的经济损失，也使得煤炭行业水资源更为紧缺，严重制约着煤炭生产的发展。如何处理重金属离子成为当前需要解决的环境问题，而以煤矸石为原料合成沸石吸附剂，通过吸附分离法处理废水、土壤等中的重金属是最有效的方法之一，可实现以废治废。

Chen 等人采用间歇吸附系统研究了煤矸石合成 Na-X 沸石对水溶液中 Cd^{2+} 的吸附性能，其吸附等温线、吸附动力学同样符合 Langmuir 模型和准二级模型，对 Cd^{2+} 的最大平衡吸附量为 38.61 mg/g，在重复 3 次吸附后仍表现较好的稳定性，晶体表面结构未被破坏。

Lu 等人同样以煤矸石合成 Na-X 沸石为研究对象，考察其水溶液中 Cu^{2+} 和 Co^{2+} 的常温吸附性能，得到类似的结果，并根据 Langmuir 模型得出其对 Co^{2+} 和 Cu^{2+} 的吸附容量分别为 44.53 mg/g 和 45.05 mg/g。

Bu 等人以一种以富含石英的煤矸石为原料，通过碱熔融和水热工艺合成 Na-Y 型沸石，结果表明，原始合成的 Na-Y 沸石对 Pb^{2+} 的去除率高达 100%，回收 5 次后去除率仍在 63.71% 以上；拟合得到吸附剂用量为 0.25 g/L 时，平衡常数 $K_L = 2.14$ L/mg，最大吸附量 $q_m = 107.9$ mg/L（431.6 mg/g），吸附速率常数 k_a 为 6.18 L/(g·min)，脱附速率常数 k_d 为 2.89×10^{-3} min^{-1}。

Ge 等人采用煤矸石合成的 Na-X 沸石处理 Pb^{2+} 废水。在优化条件下，合成沸石对 Pb^{2+} 的最大吸附量为 457 mg/g，大于许多天然沸石和合成沸石。Chen 和 Lu 从煤矸石中合成了具有 Cd^{2+} 吸附能力的 Na-X 沸石，其最大吸附量为 38.61 mg/g。Lu 等人利用煤矸石沸石吸附模拟废水中的 Cu^{2+} 和 Co^{2+}，其最大吸附量分别为 45.0 mg/g 和 44.53 mg/g。

一般来说，拟二级动力学模型和 Langmuir 等温线模型可以描述煤矸石沸石吸附重金属离子的动力学和热力学过程，它们分别与吸附的动态和平衡数据拟合良好。

部分煤矸石合成沸石分子筛去除水中重金属离子对比研究见表 4.3。

表 4.3 煤矸石合成沸石分子筛去除水中重金属离子

类型	金属离子	吸附机理	$q_m/mg \cdot g^{-1}$
X	Co^{2+}、Cu^{2+}、Cd^{2+}、Cr^{3+}	Langmuir 等温线模型，准二级吸附动力学；吸附速率由液膜扩散和颗粒内扩散共同控制	Co^{2+} 46.53、Cu^{2+} 45.15、Cd^{2+} 41.44、Cr^{3+} 39.08
Na-X	Cd^{2+}		38.61
Na-X	Co^{2+}、Cu^{2+}		Co^{2+} 44.53、Cu^{2+} 45.05
Na-Y	Pb^{2+}	Langmuir 等温线模型	431.6
Na-X	Pb^{2+}	Langmuir 等温线模型，准二级吸附动力学	457

煤矸石沸石除可有效处理实验室模拟废水外，还适用于实际处理含 SO_4^{2-}、Cd、Al、Fe、Ca、Mg、Zn、Mn、Ni、Cu、As 的酸性矿井水，以及含 Cd、Cr、Cu、Ni、Pb、Zn 的褐煤矿井水。上述研究表明，煤矸石合成沸石分子筛对水中各种重金属离子均有较好的吸附潜力，且稳定性和耐久性良好，是一种比较理想的重金属离子吸附剂。

4.3.1.2 有机染料的去除

纺织工业废水中有机染料成分复杂，危害性高，生物毒性大。纺织废水会产生视觉污染，并对水生态系统产生有害影响，因为它降低了光的渗透性，进而影响了水体的光合作用。

煤矸石制备的沸石可吸附多种有机染料，Zhou 等人以煤矸石为原料合成沸石分子筛，并对其进行改性处理。研究结果表明，原沸石分子筛依次在温度为 90 ℃，NaOH 水溶液浓度为 3.0 mol/L、碱处理 2 h，超声处理 40 min 条件下改性后，比表面积为 162.3 m^2/g，约为未处理沸石比表面积的 2.5 倍，处理后沸石分子筛罗丹明 B（Rh-B）的平均吸附率为 95.1%，吸附能力明显提高，证实连续碱处理和超声后处理可以导致孔径膨胀和分层孔结构产生，并有效增强对 Rh-B 污染物吸附能力。

4.3.1.3 有机化合物和无机阴离子的去除

城市污水、垃圾填埋场渗滤液、水产养殖废水中有机污染物含量高，氮、磷等无机阴离子含量大。有机污染物会增加水的化学需氧量，导致有机水污染。而氮和磷会引起水体富营养化，促进藻类和水生生物的生长。

任根宽等人在常温下，以煤矸石制备 4A 沸石处理垃圾渗滤液。结果表明，在 100 mL 渗滤液中加入 13 g 沸石，吸附 40 min 条件下，COD 去除率为 75.6%，可提高渗滤液中 BOD5/COD 的比值，增加渗滤液可生化性，减轻渗滤液生化处理负荷。

Li 等人以煤矸石为原料，通过沸石 CO_2 活化和水热合成法合成沸石-活性炭复合结构，并对该复合材料吸附性能和纯 Na-A 沸石进行对比研究。结果表明，沸石-活性炭复合材料与纯 Na-A 型沸石相比，对 Cu^{2+} 的吸附性能略有下降，而对 Rh-B 的吸附效率有所提高，对 Cu^{2+} 和 Rh-B 去除率分别为 92.8% 和 94.2%。对 Cu^{2+} 和 Rh-B 均具有较高吸附效率是因为沸石中均匀微孔适合吸附重金属离子，活性炭多级孔结构可以容纳大分子有机物。

Li 等人以煤矸石为原料，研制了一系列铜改性 ZSM-5（Cu/ZSM-5）沸石分子筛，用于催化非均相类 Fenton 反应对煤炭开采和加工过程中主要有机污染物苯酚的脱除实验。结果表明，7% Cu/ZSM-5 对苯酚污染物降解和矿化具有良好的活性和稳定性，在 30 min 内可完全降解苯酚，60 min 内 TOC 去除率可达 63%，8 h 内 TOC 去除率可达 92%。

张艳等人以乌海地区煤矸石为原料，采用传统水热合成法制备 A 型沸石，并以磷的去除率为指标对沸石分子筛的合成条件进行优化。结果表明：在室温和原水 pH 的条件下，当沸石投加量为 7.5 g/L，初始磷的质量浓度为 200 mg/L 时，其对含磷废水的去除率达 76% 以上。

王倩等人以煤矸石为原料，采用分步溶出硅铝的方法合成 4A 型沸石，并考察其在不同吸附条件下对模拟含氟废水的去除效果。结果表明，过酸过碱的环境均会抑制合成沸石分子筛对水中氟离子的吸附，其对氟的最适吸附 pH 值在 4~6；整个吸附过程符合二级动力学模型和 Freundlich 吸附等温模型，并根据计算得出其对氟离子的平衡吸附量为 18.12 mg/g。

从以上研究可知，煤矸石合成沸石分子筛利用自身的吸附和催化性能，不仅可以增加高浓度有机废水可生化性能，还可以用于水中难降解有机污染物的去除，对水中氨、氮、磷、氟也有较好的选择吸附性，并可以通过对合成沸石分子筛改性处理，或合成沸石-活性炭复合材料增强对水中有机污染物的去除效果。

4.3.2　治理空气污染

气候变暖和空气污染已成为全球性问题。典型的温室气体和空气污染物包括挥发性有机化合物（VOCs）、CO_2、NO_x 和 SO_x。煤矸石沸石及其改性产品能够在各种条件下捕获或催化降解 VOCs、CO_2、NO_x。

4.3.2.1　CO_2 的捕集吸附

在由煤矸石制备的不同类型的沸石中，Na-X、Na-A 和 MCM-41 沸石捕集 CO_2 表现出高的选择性，是 CO_2 良好的物理吸附剂。CO_2 在不同沸石上的吸附机理可能是物理吸附或/和化学吸附，而沸石中阳离子的静电行为和酸碱相互作用可以提高其对 CO_2 的吸附能力。

以煤基固废为原料，通过碱熔融-水热法合成了 Na-A 型和 Na-X 型沸石，在 303 K 时，合成 Na-X 型沸石的 CO_2 吸附容量为 1.97 mmol/g，Na-A 型为 1.37 mmol/g，其中合成 Na-X 型沸石的吸附容量与商品沸石相当，显示其商业应用的潜力。

CO_2吸附等温线表明，与 A 型沸石相比，X 型沸石对 CO_2 的吸附容量更大。经过 5 次循环后，所有样品的 CO_2 捕获量几乎保持不变，表明在变温吸附工艺中应用的可能性。Na-X 型沸石具有非常高的 CO_2 物理吸附性能，适用于低温变压 CO_2 吸附。Na-X 型沸石具有较高的物理吸附潜力，可能是由于其存在较大的孔结构、较高的总比表面积和外表面积。

4.3.2.2 VOCs 的治理

VOCs 具有生物毒性，可引起光化学烟雾和温室效应，而煤基固体废物沸石及其改性产物可有效去除 VOCs。未改性的煤基固体废物沸石对 VOCs 的有效吸附很容易，如 Zhou 等合成的粉煤灰沸石（Na-P1）对苯蒸气的吸附率为 69.2%。

此外，煤基固体废物沸石对 VOCs 具有良好的循环吸附和脱附能力，如 Ren 等人制备的沸石（Na-Y）对丙酮的吸附能力为 136.2 mg/g，经过 6 次丙酮吸附脱附后产物仍有 88.5% 的吸附能力。此外，采用负载催化剂的煤基固体废物沸石可实现对 VOCs 的高效降解，如研究人员使用负载 CuO 或 Co_3O_4 的煤粉煤灰沸石，可有效降解含有正己烷、丙酮、甲苯和 1,2-二氯苯的 VOCs，降解率分别超过 80% 和 100%。

4.3.3 对重金属污染土壤的修复

土壤中重金属和有害化合物的饱和会影响土壤中微生物的活性，还会污染地下水并被植物吸收。此外，这些污染物可进入食物链，对人类健康构成严重威胁。

煤矸石、粉煤灰等煤基固体废物沸石是重金属污染土壤的有效修复材料。Querol 等人利用粉煤灰合成的 Na-P1 沸石处理西班牙西南部瓜迪亚玛尔山谷黄铁矿矿浆污染的土壤，并在植物修复过程中降低重金属的浸出率。沸石交换离子的能力和改善土壤 pH 值的能力使其在污染土壤的修复中具有明显的优势。在 1.0 公顷 25 cm 的表层土壤上施用 2.5 万公斤沸石，两年后土壤中大部分金属（Cd、Co、Cu、Ni、Zn）的淋溶率下降了 95%~99%（质量分数）。Terzano 等人在土壤中加入 10%（质量分数）的粉煤灰，然后分别在 30 ℃ 和 60 ℃ 的原位条件下合成了 5%（质量分数）和 12%（质量分数）的沸石产品（Na-X 沸石和 Na-P1 沸石的混合物），时间分别为 6 个月。沸石分子筛的合成不受有机质和矿物相的影响。该方法可作为污染土壤现场修复的一种新技术。

4.4 煤矸石制备沸石及其吸附性能

4.4.1 煤矸石制备 Na-X 沸石用于高效去除水中铅离子

本案例使用来自山西省娄烦县龙泉煤矿的原煤矸石，采用碱熔融-水热法合成 Na-X 沸石，研究了最佳合成条件：煤矸石粉末/NaOH 的质量比为 1：1.25，结晶反应时间为 12 h。采用 X 射线粉末衍射（X-Ray Powder Diffraction，XRPD）、能量色散 X 射线能谱（Energy Dispersive Spectroscopy，EDS）、SEM 和 FTIR 等技术对合成的沸石产品进行了性能测试，结果表明合成的沸石产品与市售沸石产品性能基本一致。考察了溶液 pH 值、吸附剂用量、温度、接触时间等因素对合成沸石吸附 Pb^{2+} 的效率。与拟一阶模型、Elovich 模型、Freundlich 模型和 Temkin 模型相比，拟二阶模型和 Langmuir 模型分别较好地拟合了动态数据和吸附平衡数据。合成沸石在 pH 值、接触时间、温度、初始 Pb^{2+} 浓度分别为 6、40 min、45 ℃、200 mg/L 时，对 Pb^{2+} 的最大吸附量为 457 mg/g。该分子筛的吸附能力高于以往文献报道的许多天然和合成沸石。

4.4.1.1 Na-X 沸石的合成方法

图 4.10 展示了煤矸石基 Na-A 沸石合成详细的过程，将原煤矸石样品粉碎成不同粒径。然后，它们被磨碎，通过一个 150 目（100 μm）的筛，获得下一步的煤矸石粉末（Coal Gangue Powder，CGP）。随后，将 2 g CGP 与一定质量的 NaOH(s) 混合，在砂浆中研磨 5 min，得到均匀的混合物。然后将均匀的混合物装入坩埚中，放入马弗炉中 850 ℃ 的空气气氛下加热 2 h，活化 CGP，去除未燃碳。冷却至室温后，将熔融样品放入砂浆中，磨成粉末，用 15 mL 去离子水溶解，搅拌 0.5 h，然后在 90 ℃ 的热风炉中分别结晶 4 h、8 h、12 h、24 h。用去离子水进行多次真空过滤，直至 pH 值达到 8，105 ℃ 干燥 6 h 后进行表征和吸附实验。

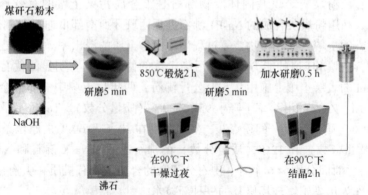

图 4.10 煤矸石合成 Na-X 沸石的工艺流程

4.4.1.2 材料的表征

用 XRF 测定了 CGP 和沸石样品的化学组成。在 40 kV、40 mA 的 Cu-Kα 辐射下，用 XRD 对 CGP 和沸石产物进行了鉴定。用标准 KBr 压片法通过 FTIR 测定样品的官能团。采用 SEM-EDS 对 CGP 和沸石样品的微观结构和形貌进行了表征。采用火焰原子吸收分光光度计（Flame Atomic Absorption Spectrophotometer，FAAS）测定 Pb^{2+} 的浓度。

4.4.1.3 Pb^{2+} 吸附实验

用去离子水溶解硝酸铅制备 Pb^{2+} 溶液。然后，考察了 pH 值对 Pb^{2+} 吸附的影响，在 2~8 范围内加入适当的 0.01 mol/L HNO_3 或 0.01 mol/L NaOH 溶液。将 0.02 g Na-X 沸石粉加入 150mL 的 Erlenmeyer 烧瓶中，加入 50mL 的 Pb^{2+} 溶液，密封，以 160 r/min 振荡 40 min。为了研究吸附剂添加量和温度的影响，将剂量（0.0025 g、0.005 g、0.010 g、0.015 g、0.020 g、0.025 g 和 0.030 g）分别添加到在不同温度（25 ℃、35 ℃和 45 ℃）下摇晃的 Pb^{2+} 溶液中，以 160 r/min 和 pH = 6 摇晃 40 min。为了确定接触时间对 Pb^{2+} 吸附的影响，实验保持在 160 r/min、45 ℃、pH = 6，时间段不同（5 min、10 min、15 min、20 min、30 min、40 min、50 min、60 min）。收集溶液，反应后以 8000 r/min 离心 10 min。采用 FAAS 测定 Pb^{2+} 残留量。

Pb^{2+} 的吸附量由式（4.1）计算：

$$q_e = \frac{(C_0 - C_e)V}{m} \tag{4.1}$$

式中，q_e 为单位质量吸附剂对 Pb^{2+} 的吸附量，mg/g；C_0 和 C_e 分别代表溶液中 Pb^{2+} 的初始浓度和平衡浓度，mg/L；V 为溶液体积，L；m 为吸附剂质量，g。所有实验均重复进行。

4.4.1.4 CGP 及其合成沸石的组成分析

本实验所用的 CGP 主要由 60.52%（质量分数）SiO_2 和 33.02%（质量分数）Al_2O_3 组成，见表 4.4。与其他煤矸石不同的是，CGP 具有较高的硅和氧化铝含量 [SiO_2 和 Al_2O_3 含量在 90%（质量分数）以上]。K_2O 只有 2.09%（质量分数），Fe_2O_3 不到 2%（质量分数），可以忽略不计。CaO、TiO_2 等其他含量几乎为零。煤矸石样品的 SiO_2/Al_2O_3 摩尔比（$n(SiO_2)/n(Al_2O_3) = 3.1$）接近反应混合物的最佳 SiO_2/Al_2O_3 摩尔比（$n(SiO_2)/n(Al_2O_3) = 2.9$）。也就是说，煤矸石中分别能提供铝源和硅源的 Al_2O_3 和 SiO_2 是合成沸石的主要原料。由于结晶温度较高，通常会产生羟基碳酸盐岩，且能耗大，所以此处的 Na-X 沸石合成在 90 ℃下完成。

表 4.4　CGP 和合成 Na-X 沸石的化学组成及烧失量（质量分数）　　（%）

样品名称	SiO₂	Al₂O₃	Fe₂O₃	Na₂O	CaO	TiO₂	K₂O	烧失量
CGP	60.52	33.02	1.73	<0.1	0.42	1.03	2.09	20.70
Na-X 沸石	48.73	28.57	1.57	18.97	0.41	0.73	0.77	18.30

根据 CGP 的 XRD 谱图（图 4.11（a）），煤矸石的优势矿物相为高岭石和 SiO_2。原煤矸石表面的 SEM 图像（图 4.11（b））呈块状、致密、模糊。EDS 显示 Al 和 Si 的含量较高，这与前面 XRF 的结果一致。

在 90 ℃、CGP/NaOH（s）= 1.25、反应 12 h 时得到的 Na-X 沸石，SiO_2 含量为 48.73%，Al_2O_3 为 28.57%，Na_2O 为 18.97%。结果表明，Na：Al：Si 的摩尔比为 1.09：1：1.45，接近理论公式（$Na_2Al_2Si_{3.3}O_{10.6}\cdot 7H_2O$，如图 4.12 所示）的摩尔比。

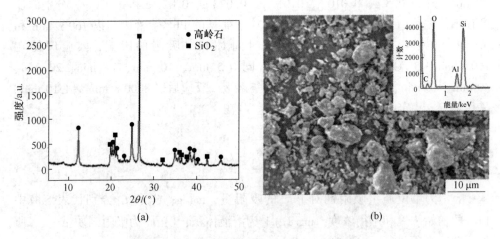

(a)　　　　　　　　　　　　　　(b)

图 4.11　CGP 的 XRD、SEM 和 EDS 分析图

（a）CGP 的 XRD 谱图；（b）CGP 的 SEM 图和 EDS 分析图

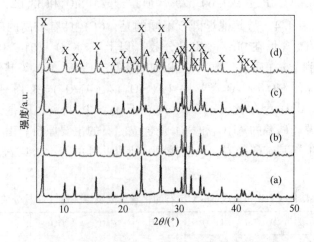

图 4.12　不同 CGP/NaOH 质量比条件下产物的 XRD 图谱

（a）1：1.1，（b）1：1.25；（c）1：1.4；（d）1：1.55

4.4.1.5　CGP 与 NaOH(s)质量比的影响

为了科学考察碱度对合成产物的影响，图 4.12 为不同 CGP/NaOH(s)混合比（1∶1.1、1∶1.25、1∶1.4、1∶1.55）合成产物的 XRD 图谱，碱度是合成沸石的关键因素。其他影响因素没有改变。图中 A 和 X 分别代表 Na-A 沸石和 Na-X 沸石的特征峰。

合成沸石的 XRD 图谱显示出 $2\theta = 6.2°$、$15.5°$、$23.4°$、$26.8°$、$31.2°$ 范围内的峰，对应于标准 JCPDS 卡片 12-0228 的衍射峰。由图 4.12 可以看出，当 NaOH(s) 含量较低时，由于 NaOH 为 CGP 活化和水热反应提供的 OH⁻ 量不足，混合物粉末仍存在非晶态。随着比率的增加，非晶态消失。然而，从图 4.12（d）中可以看到一些对应于 Na-A 沸石的峰。因此，NaOH 含量较低不利于结晶，而 NaOH 含量较高可促进其他类型沸石的形成，因此有必要将 NaOH 的加入量保持在适当的比例。在接下来的研究中，要获得高纯度的 Na-X 沸石，最佳混合比例应控制在 1∶1.25 左右。

4.4.1.6　结晶时间的影响

图 4.13（a）～（d）分别显示了在 90 ℃下不同结晶时间（4 h、8 h、12 h 和 24 h）合成的 Na-X 沸石的 XRD 图谱。图 4.13（a）中 Na-X 沸石在 4 h 的极弱峰表明沸石相开始出现。随着结晶时间（4～24 h）的增加，Na-X 沸石成为优势晶相，其 XRD 强度也有所提高，这与其他文献中报道的一致。这一发现表明，为了制备高比表面积和良好结晶的 Na-X 沸石，有必要延长结晶时间。与结晶时间 12 h 合成的 Na-X 的 XRD 图谱（图 4.13（c））相比，随着结晶时间延长到 24 h（图 4.13（d）），衍射峰变化非常小。因此，综合考虑经济和技术要求，最佳结晶时间控制在 12 h。

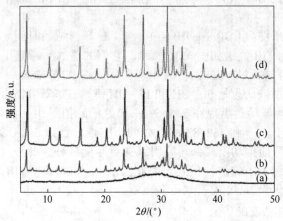

图 4.13　不同结晶时间合成沸石的 XRD 图谱

(a) 4 h；(b) 8 h；(c) 12 h；(d) 24 h

4.4.1.7 与商用 Na-X 沸石的比较

图 4.14（a）～（f）显示了不同反应时间合成的 Na-X 沸石和商品级沸石的相应 SEM 显微照片。当结晶时间较短时，如 4 h（图 4.14（a））和 8 h（图 4.14（b）），由于分散在热液体系中的非晶态硅铝凝胶组分占主导地位，从而得到发育较差的 Na-X 沸石。图 4.14（c）和（f）显示合成沸石和商用沸石颗粒的粒径分别约为 12～17 μm 和 2 μm。随着合成时间的延长，颗粒尺寸增大，八面体颗粒均匀分布良好，在最终产物中占主导地位（图 4.14（c）和（d））。图 4.14（e）是合成的 Na-X 沸石结晶 12 h 的高倍显微镜图像，呈现出更加规则和清晰的金字塔八面体结构。

图 4.14 不同结晶时间合成的 Na-X 沸石的 SEM 图
（a）4 h；（b）8 h；（c）12 h；（d）24 h；
（e）合成 Na-X 沸石结晶时间为 12 h 的高倍 SEM 图；（f）工业级沸石 SEM 图

在最佳人工条件（(CGP/NaOH(s)) = 1 : 1.25，结晶时间 = 12 h）下，商业级和合成沸石的 FTIR 光谱如图 4.15 所示。它们的透过率峰值几乎相同，这意味着两种样品中的官能团是相同的。在本实验中，以 977.73 cm^{-1} 和 1644.38 cm^{-1} 为中心的窄带分别被认为是 Si—OH 和 H—OH 键。在 565.04 cm^{-1} 附近的基团中存在 Al—OH 拉伸振动。出现在 755.69 cm^{-1} 处的峰值是由四面体原子的拉伸模引起的。在 671.1 cm^{-1} 和 462.83 cm^{-1} 处的影响带分别为 Si—O 带和 Al—O 带的对称拉伸振动和弯曲振动模式，与商用级沸石匹配良好。此外，3467.38 cm^{-1} 的宽频带证实了氢键 OH 的拉伸模式。因此，XRD、SEM 和 FTIR 结果表明，CGP 成功、有效地转化为 Na-X 沸石。

4.4.1.8 Pb^{2+} 吸附实验

图 4.16 检测了不同 pH 值，吸附剂用量、温度和接触时间条件下合成沸石对 Pb^{2+} 的吸附情况。

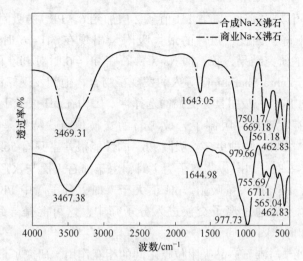

图 4.15 商用和合成沸石的 FTIR 光谱图

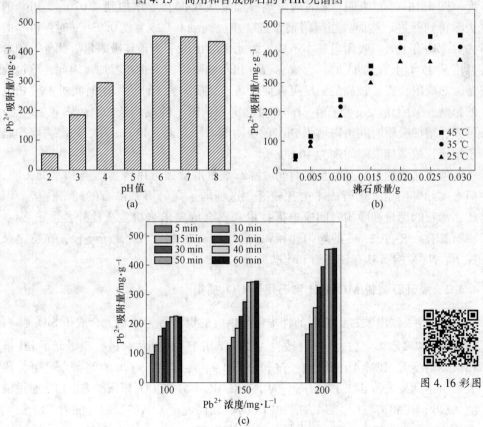

图 4.16 不同 pH 值、吸附剂用量、温度和接触时间条件下合成沸石对 Pb²⁺ 的吸附情况

（a）pH 值对 Pb²⁺ 吸附的影响；（b）吸附剂用量、温度对 Pb²⁺ 吸附的影响；（c）接触时间对 Pb²⁺ 吸附的影响

从图 4.16 可以观察到，随着 pH 值从 2 增加到 6，Pb^{2+} 的吸附量增加，pH = 7 和 8 时略有下降，因此，Pb^{2+} 的最大吸附量出现在 pH = 6 时。这一发现与 Pankaj K. 等人的研究结果一致，即 Na-X 沸石在 pH = 6 时对 Pb^{2+} 的吸附量最高。我们的发现也与 Zahra Shariatinia 等人的发现很吻合，他们发现修饰后的 Na-Y 沸石在 pH = 6 时对 Pb^{2+} 的吸附具有更强的选择性。因为在 pH 值低于 6 的溶液中 H_3O^+ 和 Pb^{2+} 之间存在竞争，限制了合成沸石的交换位点。特别是在强酸条件下（pH = 2），H_3O^+ 的阳性物种更多。吸附 Pb^{2+} 的性能很差（只有 56.87 mg/g）。当溶液 pH 值为 3~6 时，Pb^{2+} 以阳离子为主时，由于沸石表面与水形成的表面羟基可以中和 H_3O^+，Pb^{2+} 被大量吸附。pH 值大于 7 时，分子筛中 $Pb(OH)_2$ 含量增加，而 $Pb(OH)_2$ 不能通过离子交换进入分子筛中，这可能是导致分子筛中 $Pb(OH)_2$ 含量增加的原因。

为了增强 Pb^{2+} 与沸石产品吸附位点之间的相互作用，研究了最佳添加量和温度。图 4.16（b）表明，随着吸附剂投加量从 0.0025 g 增加到 0.020 g，Pb^{2+} 的去除得到促进。然而，当吸附剂量进一步提高到 0.025 g 或 0.030 g 时，Pb^{2+} 的去除率略有上升，吸附量基本不变，因此优选 0.02 g 为最佳吸附量。此外，随着温度从 25 ℃ 上升到 45 ℃，合成沸石对 Pb^{2+} 的吸附能力也在增加。因此，该过程是吸热吸附位点，较高的温度可以促进离子交换。为了评价吸附时间对去除 Pb^{2+} 的影响，采用 0.02 g 沸石在 pH = 6 时确定为该因子的最佳条件。由图 4.16（c）可知，增加吸附时间可以增强 Pb^{2+} 的吸附能力。此外，40 min 后，Pb^{2+} 去除率趋于恒定，故最佳吸附时间为 40 min。

值得注意的是，虽然接触时间或沸石剂量的增加可以持续促进 Pb^{2+} 的去除，但在实际应用中，运行成本会比较高。这削弱了煤矸石基沸石的经济优势。因此，沸石的用量和吸附时间应根据技术和资金的要求来确定。此外，由于 Na-X 沸石具有 0.8~1.2 nm 的均匀孔径和约 0.4 nm 的 Pb^{2+} 水合离子半径，在特定条件下，Na-X 沸石具有较高的 Pb^{2+} 去除率。

4.4.2　煤矸石制备 MCM-41 沸石用于 CO_2 捕集

Cui 等人以内蒙古自治区的神华集团供应的煤矸石为原料，合成了 SiO_2 沸石 MCM-41 和聚乙烯亚胺（PEI）改性 MCM-41 用于 CO_2 捕集。进一步研究了 pH 值和煅烧温度对 MCM-41 的影响。在 pH 值为 9、温度为 550 ℃ 的制备条件下，比表面积达到最大值 642.17 m^2/g。为了提高 MCM-41 的 CO_2 捕获能力，PEI 通过浸渍加载到 MCM-41 上。结果表明，PEI 的负载促进了 CO_2 的吸收，随着 PEI 负载量从 0% 增加到 60%，CO_2 吸附量显示出从 0.125 mmol/g 到 1.742 mmol/g 的巨大改进。5 个循环后，60% PEI 负载量的 MCM-41 的 CO_2 吸收能力仍保持在 70%。因此，胺改性的 MCM-41 表现出良好的稳定性，吸附过程是可逆的。

4.4.2.1 MCM-41 的合成及胺改性

将原煤矸石粉碎并筛分至小于 150 目（100 μm），并在 105 ℃下干燥 1 h。然后在 800 ℃下煅烧 2 h 得到煤矸石灰。煤矸石灰与 NaOH 以 1∶2 的质量比混合。充分研磨后，混合物在马弗炉中煅烧。以 1 ℃/min 将其加热至 500 ℃ 并保持 60 min。然后，待混合物冷却至 25 ℃后，加入蒸馏水过滤，收集滤液备用。将十六烷基三甲基溴化铵（CTAB）作为模板加入滤液中［煤矸石灰∶CTAB 至 10∶3(g/g)］并搅拌至完全溶解。然后，加入 3 mol/L HCl 将 pH 值分别调节至 8、9 和 10。搅拌 2 h 后，将混合物加入 Teflon 衬里反应器在 110 ℃结晶 48 h。结晶处理后，过滤收集残渣。残余物用蒸馏水洗涤 3 次并干燥。最后，将其在一定温度（450 ℃、500 ℃和 550 ℃）下煅烧 4 h 以去除模板。MCM-41 的合成过程如图 4.17 所示。

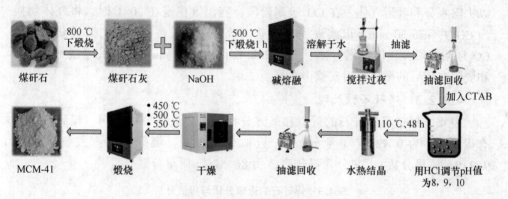

图 4.17　MCM-41 沸石合成流程

采用浸渍法制备胺改性 SiO_2 沸石。首先，将 MCM-41 与 PEI 以不同的质量比混合并溶解在 20 mL 乙醇中。然后，连续搅拌混合物以使其充分混合。最后，在 60 ℃下干燥 6 h。PEI 负载量分别为 30%、40%、50% 和 60%。PEI 负载量由式（4.2）计算。

$$PEI\ 负载量(质量分数，\%) = \frac{W_{PEI}}{W_{PEI} + W_{zeolite}} \times 100\% \qquad (4.2)$$

式中，W 是指以干基计的质量分数。用 TG 测试 PEI 的实际负载量，将 6~7 mg 胺改性的 MCM-41 置于坩埚中，在空气气氛下以 20 ℃/min 的速率将温度从 25 ℃逐渐升高到 800 ℃，并在 800 ℃下保持 30 min。

4.4.2.2　材料表征与性能测试

煤矸石的近似分析按照《煤的工业分析方法》（GB/T 212—2008）进行测定。煤矸石的最终分析由 Elemental Analyzer（Vario EL cube，德国）确定。使用热重分析仪（DTA - 60，岛津）对煤矸石和 MCM-41 进行 TG 和衍生热重（Derivative Thermogiavimetriy，DTG）分析。采用 X 射线荧光光谱仪（XRF，S8 TIGER）测定煤矸石灰的化学成分。通过从 JW-BK200B BET 仪器获得的 N_2 吸附等温线检查 MCM-41 和胺改性 MCM-41 的孔结构分析。通过 X 射线衍射仪检查 MCM-41 的 XRD（Bruker D8 DVANCE，德国）具有 Cu Kα 辐射。常规 XRD 图案以 12°/min 的速度从 6°扫描到 80°，而小角度 XRD 以 0.001°/min 的扫描速度从 0.5°到 10°记录。傅里叶变换红外光谱（FTIR，TENSOR II）用于分析胺修饰的 MCM-41 在 4000 cm^{-1} 至 400 cm^{-1} 频率范围内的官能团。采用 X 射线光电子能谱仪（ESCALAB Xi_+，Thermo Fisher）分析制备 MCM-41 的表面化学性质。

为了研究 SiO_2 沸石的 CO_2 捕获和循环性能，在 TG（DTA-60，岛津）上进行了吸附测试。将 6~7 mg 样品置于坩埚中，在 N_2 流中在 150 ℃下预处理20 min，以去除水分和吸附气体。在 CO_2 吸附阶段，当温度稳定在 30 ℃时，将气体切换为 CO_2 并保持 30 min，以实现完全捕获。增加的重量被认为是 CO_2 捕获量。在 CO_2 脱附阶段，气体转化为 N_2，并在 200 ℃下保持 90 min 以实现完全脱附。吸附和脱附在随后的循环吸附实验中重复。

4.4.2.3　煤矸石预处理

表 4.5 展示了煤矸石的近似和最终分析结果。最终分析表明，煤矸石中含有少量 C，为 0.42%（质量分数）。近似分析表明，煤矸石的挥发物含量为 9.24%（质量分数），灰分含量较高，为 86.57%（质量分数）。

表 4.5　煤矸石的近似分析与极值分析

近似分析（质量分数，灰分）/%			极值分析（质量分数，灰分）/%					
V	FC	A	M	C	H	$O^①$	N	S
9.24	3.94	86.57	0.25	0.42	0.13	12.34	0.01	0.28

① 表示差值法计算。

原煤矸石活性低，难以利用。因此，煤矸石的预处理对其利用非常重要。石英和高岭石是煤矸石的主要矿物成分。在煅烧过程中，煤矸石中的一些碳和有机物可以被有效去除，煤矸石的黏土矿物组分（$Al_2O_3 \cdot 2SiO_2 \cdot 2H_2O$）被热分解和玻璃化。因此，煤矸石中的 Si—O 四面体和 Al—O 八面体解聚成活性 SiO_2 和 Al_2O_3，可以提高煤矸石的活性。许多研究证明，800 ℃ 是一个值得考虑的活化煅烧温度。

图 4.18（a）显示了煤矸石的 TG 和 DTG 模式。观察到空气气氛下的 DTG 曲线有两个失重峰。第一个峰大约在 400 ℃ 到 600 ℃ 的范围内。这可能是高岭石分解的结果。它是整个活化过程的主要反应，在这个阶段大约有 13% 的重量损失。另一个从 700 ℃ 到 800 ℃ 的峰可能是碳燃烧和方解石（$CaCO_3$）分解的组合，最

终重量残渣含量约为 83.40%。温度高于 800 ℃ 时重量不变。这表明激活在 800 ℃ 时几乎完成。综合考虑，选择 800 ℃ 作为活化温度。

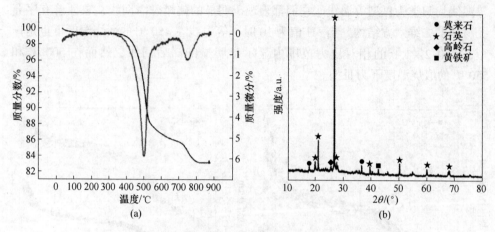

图 4.18　煤矸石的 TG、DTG 曲线与煤矸石灰的 XRD 图谱
(a) 煤矸石的 TG 和 DTG 曲线；(b) 煤矸石灰的 XRD 图谱

为了进一步了解煤矸石的化学成分，对煤矸石灰分进行了 XRD 和 XRF 分析。图 4.18 (b) 显示了煤矸石灰的 XRD 分析。据观察，煤矸石灰的成分以石英、莫来石、高岭石和黄铁矿为主。煅烧煤矸石富含活性 SiO_2 和 Al_2O_3。SiO_2 可溶于 NaOH 溶液。因此，本实验采用 NaOH 对煤矸石灰进行碱熔融处理，以更好地提取 SiO_2。

XRF 结果见表 4.6，发现 SiO_2 是煤矸石灰中含量最多的成分，高达 61.81%。Al_2O_3 也是占 23.55% 的大含量成分。因此，煤矸石灰是制备二氧化硅 MCM-41 沸石的理想硅源。

表 4.6　煤矸石灰的 XRF 分析

组分	SiO_2	Al_2O_3	CaO	K_2O	MgO	SO_3	TiO_2	Fe_2O_3	P_2O_5	Na_2O
含量/%	61.81	23.55	4.52	3.51	1.60	1.11	1.05	1.04	1.00	0.66

4.4.2.4　合成条件对 MCM-41 的影响

选择 CTAB 作为模板剂制备沸石。CTAB 在水溶液中形成胶束，作为模板参与反应。胶束与无机物质相互作用形成具有两种复合相的颗粒：SiO_2 聚合物和称为表面活性剂中间相的细 SiO_2-CTAB，胶束可加速无机物质的缩合过程，这是因为硅酸盐离子和胶束之间有很强的相互作用，导致浸出液中产生 SiO_3^{2-} 沉积在单个胶束棒的表面上，随后，通过 SiO_3^{2-} 和 HCl 的反应形成 SiO_2 颗粒。一些研究指出，制备 pH 值和煅烧温度的差异会影响沸石的性能。这项工作分别研究了 pH 值（8、9 和 10）和煅烧温度（450 ℃、500 ℃ 和 550 ℃）对沸石性能的影响。

如图 4.19 所示，当 pH 值分别为 8 和 9 时，不同煅烧温度下的 N_2 吸附-脱附等温线均归类为Ⅳ型等温线。它们都表现出明显的陡峭磁滞回线，象征着有序介孔材料的二维六方结构。当 pH 值为 10 时，等温线在 450 ℃ 的煅烧温度下也是Ⅳ型，在 0.2~1.0 的相对压力范围内显示出明显的滞后回线，然而在 500 ℃ 和 550 ℃ 的煅烧温度下为Ⅲ型。

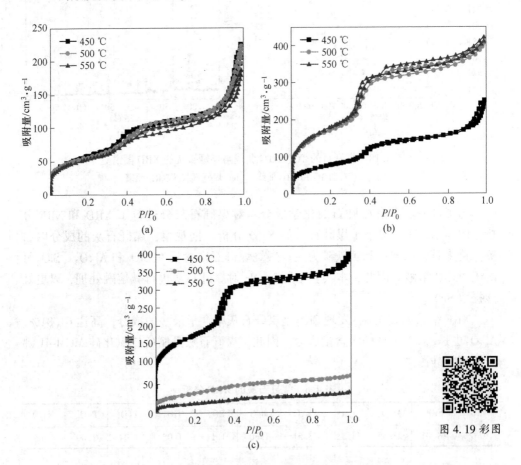

图 4.19 在不同 pH 值和温度下制备的 MCM-41 的 N_2 吸附-脱附等温线

(a) pH=8；(b) pH=9；(c) pH=10

表 4.7 给出了不同条件下制备的 MCM-41 的孔结构分析参数。由于 pH 值为 8，三种不同温度下制备的 MCM-41 的比表面积差异不大。然而，随着 pH 值增加到 9，MCM-41 的比表面积从 273.95 m^2/g（450 ℃）大幅增加至 642.17 m^2/g

（550 ℃）。这表明 pH 值为 9 时非常有利于沸石的腐蚀。在此制备过程中，pH 值对 MCM-41 的影响最大，而不是煅烧温度。pH 值为 10 时，MCM-41 在 450 ℃时显示出更高的表面积。然而，随着煅烧温度的进一步升高，比表面积迅速下降。这可能是因为在 pH 值>9 时，高温更容易导致沸石骨架中丰富的孔隙结构坍塌或堵塞。因此，在制备过程中存在 pH 值和温度之间的平衡。

表 4.7　在不同 pH 值和温度下制备的 MCM-41 的孔结构

样品	煅烧温度/℃	比表面积/$m^2 \cdot g^{-1}$	孔体积/$cm^3 \cdot g^{-1}$			平均孔径/nm
		S_{BET}	V_{tot}	V_{mic}	V_{mes}	
pH = 8	450	211.97	0.302	0.092	0.210	5.694
	500	204.24	0.345	—	0.345	6.670
	550	189.25	0.294	0.074	0.220	6.009
pH = 9	450	273.95	0.395	0.104	0.291	5.625
	500	616.47	0.621	0.241	0.380	4.027
	550	642.17	0.647	—	0.647	4.029
pH = 10	450	619.31	0.612	—	0.612	3.956
	500	129.60	0.098	0.047	0.051	3.015
	550	59.25	0.052	—	0.052	3.540

　　小角度 XRD 和常规 XRD 用于评价制备的沸石是否为 MCM-41。图 4.20（a）显示了 0.5°~10°范围内的小角度 XRD。将制备的 MCM-41 与商业 MCM-41 进行比较。观察到商业 MCM-41 在 2.3°处有一个强衍射峰（100），这与制备的MCM-41一致。这为 MCM-41 结构的存在提供了有力的证据。此外，该衍射峰强度较强，表明制备的 MCM-41 质量较高。制备的 MCM-41 在 4.1°处也有一个非常弱的衍射峰（110）。该峰表明二维六边形结构的成功形成。一些研究报道，Al 含量较高的合成材料表现出较宽且强度稍弱的衍射峰。因此，很明显制备的 MCM-41 具有较高的 Si 含量。图 4.20（b）显示了 MCM-41 从 10°~80°的常规 XRD。制备的 MCM-41 和商业 MCM-41 在大约 24.4°处都有一个衍射峰。该衍射峰也是 MCM-41 的特征峰，代表无定形 SiO_2。它进一步表明合成材料是所需的 MCM-41。

　　通过 XRF 分析了制备的 MCM-41 的化学成分。结果见表 4.8。从煤矸石灰中制备介孔 MCM-41 包括两个阶段，其中一个是从煤矸石灰中提取硅是非常重要的过程。如前所述，最有效的方法是将煤矸石灰与 NaOH 在一定温度下熔化。该方法导致煤矸石灰中更多的不溶性硅酸钙和铝硅酸盐进入可溶性硅酸钠和铝硅酸盐中。比较表 4.8 和表 4.6 的结果可以发现，Al_2O_3 的含量从 23.55%（质量分数）下降到 5.79%（质量分数），而 SiO_2 的含量从 61.81%（质量分数）上升到

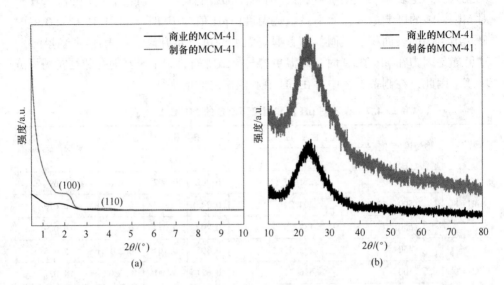

图 4.20　商业的和制备的 MCM-41 的（a）小角度 XRD 图谱和（b）常规 XRD 图谱
(a) 小角度 XRD 图谱；(b) 常规 XRD 图谱

86.1%（质量分数）。这表明煤矸石灰中几乎大部分的 Si 都掺入了 MCM-41 中，这与 XRD 分析一致。

表 4.8　MCM-41 的 XRF 分析

组分	SiO_2	Al_2O_3	Na_2O	Cl	K_2O	MnO	Br	Fe_2O_3	TiO_2	CuO	ZnO	Ga_2O_3
含量/%	86.1	5.79	5.08	2.22	0.65	0.064	0.04	0.039	0.012	0.009	0.005	0.003

4.4.2.5　胺改性 MCM-41 的分析

A　FTIR 分析

图 4.21 显示了 MCM-41 和胺改性 MCM-41 在 4000~400 cm^{-1} 范围内的 FTIR 光谱。在所有材料中都可以发现 Si—O—Si 在 1100 cm^{-1} 和 792 cm^{-1} 处的强伸缩振动，分别属于不对称伸缩和对称伸缩。在 460 cm^{-1} 处显示的能带对应于表面 Si—OH 基团的弯曲振动。此外，在 1651 cm^{-1} 处有一条带，这可归因于吸附水分子的变形振动。它还显示了 3450 cm^{-1} 附近的 Si—OH 带，这可以归因于表面硅醇和水分子的吸附。很明显，在改性的 MCM-41 中，在 1554 cm^{-1}、2851 cm^{-1} 和 2921 cm^{-1} 附近具有三个吸收带。1554 cm^{-1} 处的谱带是—NH 的伸缩振动和对称或不对称变形的结果。2851 cm^{-1} 和 2921 cm^{-1} 的谱带是—CH_2 基团的伸缩振动。这些官能团的存在证明了 MCM-41 被聚乙烯亚胺成功修饰。

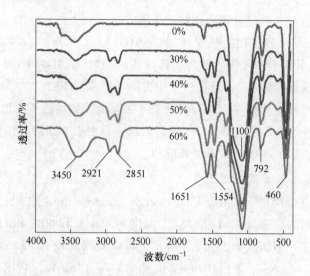

图 4.21 MCM-41 和 PEI 负载 MCM-41 的 FTIR 光谱图

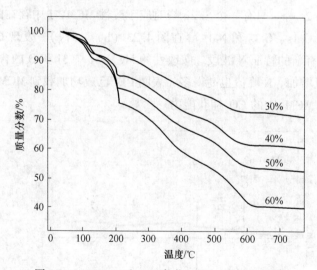

图 4.22 MCM-41 和 PEI 负载 MCM-41 的 TG 曲线

B TG 分析

TG 分析旨在确定合适的 CO_2 吸附温度，以确保 PEI 不会分解。图 4.22 显示了 MCM-41 在不同 PEI 负载量下的 TG 分析。观察到整个过程有四个失重峰。低于 100 ℃ 的第一个失重峰可归因于水的挥发。由于 PEI 和表面 SiO_2 硅烷醇基团的结合，一些水在预处理阶段没有完全挥发，这部分水会随着低分子量 PEI 低聚物的挥发而挥发，因此，在 150 ℃ 附近还有另一个显著的减重峰。另外两个重量损失峰是由剩余 PEI 的热分解和燃烧产生的，持续到大约 600 ℃。最后，仅存在 SiO_2 底物。总体而言，PEI 似乎不会在 100 ℃ 以下分解。因此，胺改性的 MCM-41 更适合低温 CO_2 吸附。此外，还发现胺改性 MCM-41 的失重与 PEI 负载量呈正相关，这是因为在 TG 分析过程中去除了更多的 PEI。TG 分析还发现，由于制备和干燥过程中的损失，所有实测 PEI 实际负载量均低于理论值，但大部分 PEI 已负载。制备的胺改性 MCM-41 仍为粉末，但由于 PEI 附着在 MCM-41 表面，表面黏度增加，也证明 MCM-41 改装成功。

C　X 射线光电子能谱分析

X 射线光电子能谱（X-Ray Photoelection Spectroscopy，XPS）用于分析样品中某些金属元素的存在。在 pH 值为 8、温度为 450 ℃ 和 60% PEI 负载下获得的 MCM-41 的 XPS 光谱如图 4.23（a）所示。可以观察到没有 PEI 改性的 MCM-41 有 Si、C、N、O 和 Na，位于 1079 eV 的能带对应于 Na 1s，它出现在两个样品中，这可能归因于 NaOH 熔融提取 SiO_2。532 eV 的 O 1s 被认为是 Si—O—Si 峰，284 eV 对应于 C 1s 峰。MCM-41 中存在两个 Si 峰，分别是 102.8 eV 的 Si 2p 峰和 103.9 eV 的 Si 2s 峰。只有一个 Si 2p 峰对应于改性 MCM-41 中存在的 SiO_2。两种材料的 Si 2p、O 1s、C 1s 和 N 1s 峰在图 4.23（b）～（e），发现 60% PEI 改性的 MCM-41 具有新的特征 N 波段。胺改性的 MCM-41 中 Si 和 O 的含量显著降低，而 C 1s 的含量增加。N 峰值也高得多，表明 PEI 已成功加载到 MCM-41 上。这可能有助于增强 MCM-41 的 CO_2 捕获能力。

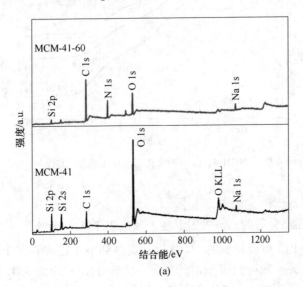

(a)

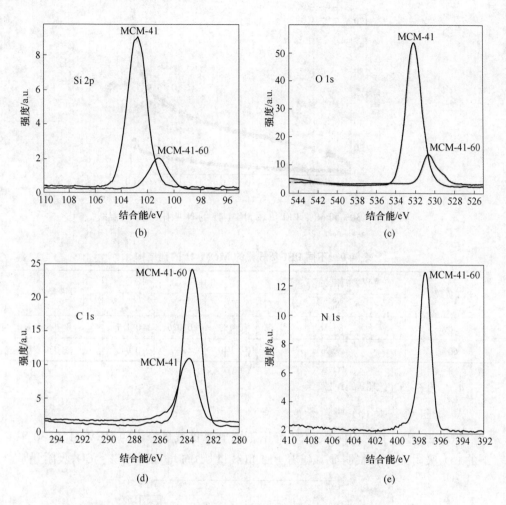

图 4.23　MCM-41 和 PEI 负载 MCM-41 的 XPS 光谱图

(a) 全谱；(b) Si 2p；(c) O 1s；(d) C 1s；(e) N 1s

D　孔结构分析

图 4.24 显示了在煅烧温度 450 ℃、pH 值为 8 时，30%、60%的 PEI 负载下获得的胺改性 MCM-41 的 N_2 吸附-脱附等温线。结果表明，改性 MCM-41 在 30% PEI 负载下的 N_2 吸附-脱附等温线仍为Ⅳ型等温线，证明了中孔的存在。由表 4.9 可知，随着 PEI 负载量的增加，MCM-41 的比表面积减小。这可能是由于修改了 MCM-41。PEI 占据了 MCM-41 的部分孔隙，导致比表面减小，中孔结构被填充。然而，这对 MCM-41 的 CO_2 捕获能力没有显著影响。

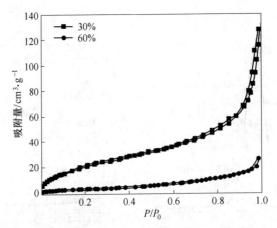

图 4.24　30% 和 60% PEI 负载 MCM-41 的 N_2 吸附-脱附等温线

表 4.9　不同 PEI 负载量的 MCM-41 的孔结构

PEI 负载量	比表面积/$m^2 \cdot g^{-1}$	孔体积/$cm^3 \cdot g^{-1}$			平均孔径/nm
	S_{BET}	V_{tot}	V_{mic}	V_{mes}	
30%	83.36	0.183	0.026	0.157	8.798
60%	9.96	0.040	—	0.040	15.950

4.4.2.6　CO_2 捕集实验

A　PEI 负载对 CO_2 吸附量的影响

图 4.25 显示了在 pH=8、450 ℃ 下不同 PEI 负载量修饰的 MCM-41 在 30 ℃ 下的 CO_2 吸附能力，很明显，随着 PEI 负载量从 0% 增加到 60%，CO_2 吸附量从

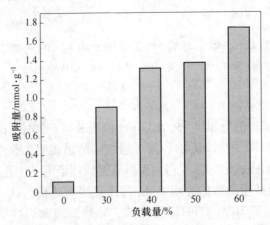

图 4.25　不同 PEI 负载量的 MCM-41 的 CO_2 吸附性能

0.125mmol/g 提高到 1.742 mmol/g 有很大的提高。需要注意的是，吸附能力不会随着 PEI 负载量的无限增加而增强。这是因为过量的 PEI 负载会堵塞孔结构，导致比表面积显著降低。

B 煅烧温度对 CO_2 吸附量的影响

为了分析改性 MCM-41 的煅烧温度对 CO_2 捕集的影响，图 4.26 显示了在 500 ℃ 和 550 ℃ 煅烧温度下制备的改性 MCM-41 的 TG 曲线，发现这两种材料的 TG 曲线也有四个失重峰，这表明 PEI 已成功负载到 MCM-41。TG 还用于确定胺改性 MCM-41 的 CO_2 捕获能力。改性 MCM-41 在 500 ℃ 和 550 ℃ 下的 CO_2 捕获能力分别为 1.800 mmol/g 和 2.009 mmol/g。

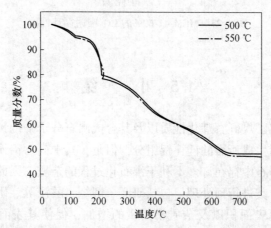

图 4.26　MCM-41-60%在 500 ℃ 和 550 ℃ 下的 TG 曲线

C CO_2 循环吸附性能测试

为了评估胺改性 MCM-41 CO_2 吸附的循环稳定性和可再生性，通过 TG 测量了材料的连续吸附和脱附循环。在 450 ℃、pH=8 下获得 60% PEI 负载的 MCM-41 用于在 30 ℃ 下执行 CO_2 吸附循环。材料在 N_2 气氛下在 150 ℃ 下预处理20 min，以去除外部水和吸附的气体。冷却至 30 ℃ 后，N_2 转化为 CO_2 并开始吸附 CO_2。图 4.27 显示了重复 5 次的 CO_2 吸附-脱附过程。观察到前 2 个循环相对稳定，但循环 3 个周期后吸附量逐渐减少。在 5 个循环后，材料的 CO_2 吸附能力仍保持在 70% 左右。胺改性的 MCM-41 的 CO_2 捕集能力下降可归因于(RNH_2)CO 的形成。它是在 CO_2 吸附过程中形成的，具有良好的耐热性，不易脱附，占据部分反应位点。此外，也可能是 CO_2 和 PEI 之间的强化学相互作用导致 CO_2 没有从吸附剂中彻底脱附。

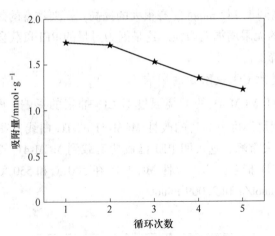

图 4.27   MCM-41-60%的 CO_2吸附循环性能

4.5 小   结

本章首先介绍了煤矸石理化性质以及其合成沸石分子筛的预处理工艺。煤矸石可以提供分子筛生成所需的硅、铝组分，但是，其中硅、铝元素的反应活性有待提高，并且煤矸石中存在许多不利于沸石化过程的杂质。因此，在合成分子筛之前，通常需要对其进行预处理，包括研磨、煅烧、酸浸等。研磨工艺能够通过粒度细化实现其比表面积以及杂质暴露量的增加，促使其表面产生更多缺陷位点，这有利于其进一步溶解。但研磨工艺不能完全活化煤矸石中的有效成分，而高温煅烧则可以更加彻底地活化煤矸石，并除去有机杂质。此外，一些会影响分子筛成核和结晶的碱金属氧化物，如 Fe_2O_3、CaO、MgO 及 TiO_2 等，则需要通过酸处理消除。通过多种预处理方法的联用，可以实现原料的高效活化。随后，本章系统介绍了以煤基固废为原料合成沸石分子筛的方法，包括水热晶化法、结构导向剂水热晶化法、碱熔融辅助水热晶化法、超声或微波辅助水热晶化法、两步法、熔盐法以及无溶剂法等。

此外，本章还系统介绍了煤矸石基沸石在水污染治理、空气污染治理、重金属污染土壤修复的应用现状。低硅铝比的煤基固废分子筛通常具有较高的阳离子交换容量（Cation Exchange Capacity，CEC），这些分子筛在需要强离子交换能力的领域中具有较高应用潜力；具有高硅铝比的分子筛（如 ZSM 分子筛）的亲脂性、热稳定性和耐酸性更为出色，因此在某些有机催化过程中具有显著优势；分子筛在离子交换和吸附过程中的孔径效应也需要注意，直径小于分子筛孔径的目标颗粒才更易进入分子筛孔道。

以煤矸石为代表的煤基固废分子筛的研究应以其在不同领域的大规模应用为目标导向，在进一步明晰煤基固废沸石化机理的基础上提升煤基固废的转化率及沸石分子筛产品纯度，并注重开发低能耗及原料可循环的煤基固废沸石化工艺；辅助能量的引入对煤基固废的沸石化过程而言是非常重要的，碱熔融辅助的超临界水热晶化法可能是一种高效快速的煤基固废沸石化工艺；在煤基固废沸石分子筛应用开拓方面，煤基固废沸石分子筛的规模化使用应以商用沸石分子筛的应用领域为参照，在许多商用沸石分子筛的应用领域，煤基固废沸石分子筛已初显替代潜力。

参 考 文 献

[1] 田玲玲. 煤矸石的环境危害与综合利用途径 [J]. 北方环境. 2011, 23 (7)：174-175.

[2] BP p. l. c. Statistical Review of World Energy 2020 [EB/OL]. [2020-11-10]. https：// www. bp. com/en/global/corporate/energy-economics/statistical-review-of-world-energy. html.

[3] Wang G F, Xu Y X, Ren H W. Intelligent and ecological coal mining as well as clean utilization technology in China：Review and prospects [J]. International Journal of Mining Science and Technology, 2019, 29 (2)：15-23.

[4] BP p. l. c. BP Energy Outlook 2020 [EB/OL]. [2020-11-10]. https：//www. bp. com/en/ global/corporate/energy-economics/energy-outlook/demand-by-fuel/coal. html.

[5] Li J Y, Wang J M. Comprehensive utilization and environmental risks of coal gangue：A review [J]. Journal of Cleaner Production, 2019, 239 (12)：1-6.

[6] Yao Z T, Xia X S, Sarker P K, et al. A review of the alumina recovery from coal fly ash, with a focus in China [J]. Fuel, 2014, 120：74-85.

[7] Sibanda V Ndlovu S, Dombo G, et al. Towards the utilization of fly ash as a feedstock for smelter grade alumina production：A review of the developments [J]. Journal of Sustainable Metallurgy, 2016, 2 (2)：167-184.

[8] Dong Y B, Liu Y, Lin H. Leaching behavior of V, Pb, Cd, Cr, and as from stone coal waste rock with different particle sizes [J]. International Journal of minerals Metallurgy and Materials, 2018, 25 (8)：861-870.

[9] Mushtaq F, Zahid M, Bhatti IA, et al. Possible applications of coal fly ash in wastewater treatment [J]. Journal of Environmental Management, 2019, 240：27-46.

[10] Li M, Zhang J X, Li A L, et al. Reutilisation of coal gangue and fly ash as underground backfill materials for surface subsidence control [J]. Journal of Cleaner Production, 2020, 254 (1)：1-8.

[11] Gao Y C, Jiang J G, Meng Y, et al. A novel nickel catalyst supported on activated coal fly ash for syngas production via biogas dry reforming [J]. Renewable Energy, 2020, 149：786-793.

[12] Yoldi M, Fuentes-Ordoñez E G, Korili S A, et al. Zeolite synthesis from industrial wastes [J]. Microporous and Mesoporous Materials, 2019, 287：183-191.

[13] Bu N J, Liu X M, Song S L, et al. Synthesis of NaY zeolite from coal gangue and its characterization for lead removal from aqueous solution [J]. Advanced Powder Technology, 2020, 31 (7): 2699-2710.

[14] He XP, Yao B, Xia Y, et al. Coal fly ash derived zeolite for highly efficient removal of Ni^{2+} in waste water [J]. Powder Technology, 2020, 367: 40-46.

[15] Belviso C. State-of-the-art applications of fly ash from coal and biomass: A focus on zeolite synthesis processes and issues [J]. Progressin Energy and Combustion Science, 2018, 65: 109-135.

[16] Cardoso A M, Paprocki A, Ferret L S. Synthesis of zeolite Na-P1 under mild conditions using Brazilian coal fly ash and its application in wastewater treatment [J]. Fuel. 2015, 139 (1): 59-67.

[17] Belviso C. Ultrasonic vs hydrothermal method: Different approaches to convert fly ash into zeolite. How they affect the stability of synthetic products over time? [J]. Ultrasonics Sorochemisty, 2018, 43: 9-14.

[18] Yao G Y, Lei J J, Zhang X Y, et al. One-step hydrothermal synthesis of zeolite X powder from natural low-grade diatomite [J]. Materials, 2018, 11 (6): 906.

[19] Li X B, Ye J J, Liu Z H, et al. Microwave digestion and alkali fusion assisted hydrothermal synthesis of zeolite from coal fly ash for enhanced adsorption of Cd (Ⅱ) in aqueous solution [J]. Journal of Central South University, 2018, 25 (1): 9-20.

[20] Xu S Q, Pan D H, Xiao G M. Enhanced HMF yield from glucose with H-ZSM-5 catalyst in water-tetrahydrofuran/2-butanol/2-methyltetrahydrofuran biphasic systems [J]. Journal of Central South University, 2019, 26 (11): 2974-2986.

[21] Erdem E, Karapinar N, Donat R. The removal of heavy metal cations by natural zeolites [J]. Journal of Colloid and Interface Science, 2004, 280 (2): 309-314.

[22] Yao G Y, Lei J J, Zhang W Z, et al. Antimicrobial activity of X zeolite exchanged with Cu^{2+} and Zn^{2+} on Escherichia coli and Staphylococcus aureus [J]. Environmental Science and Pollution Research, 2019, 26 (3): 2782-2793.

[23] Ren M, Zhang C Y, Wang Y L, et al. Development of N-doped carbons from zeolite-templating route as potential electrode materials for symmetric supercapacitors [J]. International Journal of Minerals, Metallurgy, and Materials, 2018, 25: 1482-1492.

[24] Baerlocher C, McCusker L B. Database of Zeolite Structures, Structure Commission of the International Zeolite Association [EB/OL]. [2020-11-10]. http://asia. iza-structure. org/ IZA-SC/ftc_ table. php.

[25] Ahmaruzzaman M. A review on the utilization of fly ash [J]. Progress in Energy and Combustion Science, 2010, 36 (3): 327-363.

5　生物质废弃物制备吸附材料

稻壳中含有纤维素、半纤维素、木质素和硅，其中硅的质量分数约为15%～28%。稻壳中的 SiO_2 含量是农业废弃物中最高的，在燃烧出去炭之后 SiO_2 的含量约为90%。玉米芯主要成分是纤维素、半纤维素和木质素。CO_2 吸附材料中沸石占有很高的比例，沸石合成过程中硅铝比起着至关重要的作用，而在稻壳或稻壳灰中将其含有的硅通过化学方式提取出来，并应用到沸石的合成中，可实现农业废弃物的高水平应用并且减少化学试剂的使用，降低对环境造成的压力。活性炭的制备原料中，植物类原料容易得到、价格低廉、制备工艺简单，且制备的活性炭强度高、孔隙发达。而玉米芯天然的孔结构更有利于多孔、高比表面积的形成。

5.1　稻壳灰制备沸石

从农场获得的水稻壳通常携带一定的砂石，通过浸泡将沉降下来的砂石除掉，留下稻壳。稻壳中主要包含的物质为以炭为主的有机物，而除掉这些有机物的方法较为简单，通过有效的高温煅烧即可使有机物转变为 CO_2 脱离稻壳。为了实现高效的煅烧，充分除掉有机物，通常预先将稻壳利用粉碎机打成粉末，再将稻壳粉末放入高温炉中加热至700 ℃，持续6 h使稻壳中的有机物完全除掉。将煅烧后的稻壳灰用200目（75 μm）的筛网筛出细灰，便于后续处理得完全。

煅烧后的稻壳灰中除 SiO_2 外以金属氧化物为主，需要将 SiO_2 从多种金属氧化物杂质中提纯，利用 SiO_2 的特性，稻壳灰中加入NaOH，在70 ℃下恒温油浴中冷凝回流，将所得溶液滤出，可以将其中的 SiO_2 转变成可溶的硅酸钠溶液。在溶液中加入浓盐酸并充分混合后可得到稻壳灰 SiO_2。对稻壳灰中提取的 SiO_2 进行 XRF 测试，其化学成分见表5.1，其中 SiO_2 含量超过98%。

表 5.1　稻壳灰 SiO_2 化学成分

成分	SiO_2	ZnO	Fe_2O_3	Cl	CaO	Al_2O_3	Cr_2O_3	K_2O	Na_2O
含量/%	98.5787	0.8261	0.2869	0.1053	0.0758	0.0692	0.0295	0.0285	0

图5.1展示了稻壳灰和使用上述方法提取的 SiO_2 的 SEM 图像。图5.1（a）和（b）可发现稻壳灰是大小形状不均一的非晶态物质，经放大后可发现其内部

结构为无序疏松多孔状，此形态的稻壳灰更易于提取其中的主要成分 SiO_2。图 5.1（c）和（d）展示的是使用碱溶酸浸出法从稻壳灰中提取的 SiO_2 的 SEM 图像，可发现提取出来的 SiO_2 以非晶态的形式聚集在一起，没有结晶的 SiO_2 产生。经放大后可发现其大概由 $50 \sim 100\ nm$ 的小颗粒堆积而成，且均为无定形态。因为非晶态且尺寸小的 SiO_2 更有利于溶解在 NaOH 溶液中，以离子形态存在，所以此方法提取出来的 SiO_2 更有利于进行后续沸石的合成。

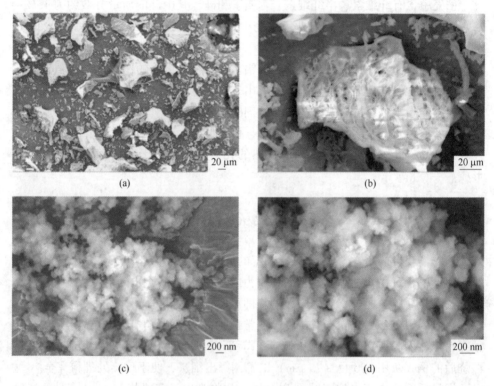

图 5.1　RHA 和 SiO_2 的 SEM 图

（a）（b）RHA；（c）（d）SiO_2

　　图 5.2 展示了提取出的 SiO_2 的 XRD 图谱。从扫描图谱可发现该样品在 $2\theta = 24°$ 附近出现了明显的非晶峰，是非晶态 SiO_2 的特征衍射峰，验证了通过碱溶酸浸出的方法从稻壳灰中提取的 SiO_2 是非晶态的，证明此方法合成的 SiO_2 可用于沸石的合成。

5.1.1　晶种水热法制备 NaA 沸石

　　采用带有晶种技术的水热合成法制备 NaA 沸石，在合成过程中将化学试剂按 $3.165Na_2O : Al_2O_3 : 1.926SiO_2 : 128H_2O$ 摩尔比混合。首先，配置均含有

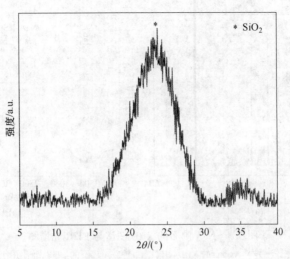

图 5.2 SiO$_2$ 的 XRD 图谱

40 mL的 H$_2$O 和 0.385 g 的 NaOH 的溶液 A 和溶液 B，然后分别向溶液 A 和溶液 B 中加入 6.58 g 的 NaAlO$_2$ 和 21.98 g 的 Na$_2$SiO$_3$·9H$_2$O，将两种溶液搅拌 15 min 后，将 B 溶液快速倒入溶液 A 中并剧烈搅拌 10 min 直至均匀。将混合后的溶液放入聚丙烯瓶中，在 100 ℃的烘箱中静态晶化 12 h。最终，将结晶产物进行过滤和洗涤，并在 100 ℃的烘箱中干燥整夜得到最终产物。以此方式，使用硅酸钠作为硅源得到的 NaA 沸石记为 NaA-C，并在随后的合成过程中作为晶种样品。与合成 NaA-C 的方法类似但不同之处在于用稻壳灰 SiO$_2$ 代替硅酸钠作为硅源，在水热过程之前加入质量分数为 1%晶种的样品，最终合成沸石命名为 NaA-RS，同时作为对照，制备以稻壳灰 SiO$_2$ 为硅源而未添加晶种的样品命名为 NaA-R。

图 5.3 （a）展示了 NaA-C、NaA-R 和 NaA-RS 沸石样品的 XRD 图谱，三种样品在 $2\theta = 7.3°$、10.3°、12.6°、16.3°、21.9°、24.2°、26.4°、27.4°、30.2°、31.1°、32.8°、33.6°、34.5°、36.0°、36.8°、44.5°、47.6°处有明显的特征衍射峰与 NaA 沸石相对应。图 5.3（b）展示了 NaA-C、NaA-R 和 NaA-RS 沸石样品的 FTIR 光谱，在 3467 cm^{-1}和 1655 cm^{-1}附近的吸收峰对应样品中水分子氢键的伸缩振动。在 1003 cm^{-1}、80 cm^{-1}、756 cm^{-1}、1080 cm^{-1}、799 cm^{-1}处的吸收峰对应于 Si—O—Si 和 Si—O—Al 四面体结构的对称和不对称拉伸振动。在 550 cm^{-1}附近的吸收峰对应着双六元环（D6R）结构，在 666 cm^{-1}和 675 cm^{-1}处的吸收峰对应于 Al—O 键的拉伸振动。

图 5.4 展示了在扫描电子显微镜下观察的未添加晶种的 NaA-R 沸石和添加晶种的 NaA-RS 沸石的微观形貌。如图可见未添加晶种的 NaA-R 显示为均匀的立方

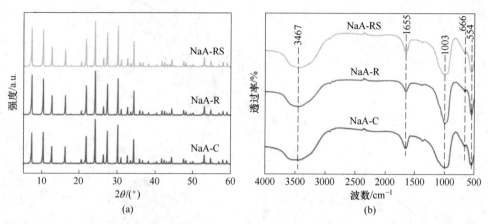

图 5.3　NaA 沸石的 XRD 图谱与 FTIR 光谱图

（a）NaA 沸石的 XRD 图谱；（b）NaA 沸石的 FTIR 光谱图

体颗粒，在合成过程中添加晶种导致产生了小的纳米颗粒，NaA-RS 的立方体大颗粒周围可以明显观察到小颗粒立方体。

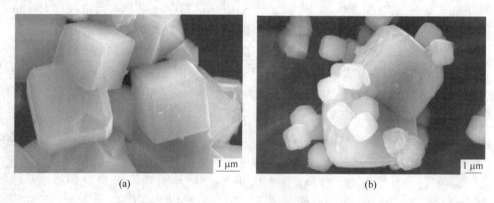

图 5.4　NaA-R 沸石与 NaA-RS 沸石的 SEM 图

（a）NaA-R 沸石的 SEM 图；（b）NaA-RS 沸石的 SEM 图

　　图 5.5 展示了液氮温度下 NaA-RS 的 N_2 吸附-脱附等温线及其孔径分布。根据 BDDT（Brunauer-Deming-Deming-Teller）分类方法，NaA-RS 显示出 V 型吸附等温线，这是由于多孔固体吸附剂与吸附质的吸附相互作用小于吸附质之间的相互作用。BJH 孔径分布曲线显示出在 2 nm 处陡峭，说明孔径大部分分布在微孔区域。NaA-RS 的织构性质被列在表 5.2 中，根据比表面积、孔体积和平均孔径的数据可以看出，NaA 沸石具有一部分介孔，导致其平均孔径大于 2 nm。

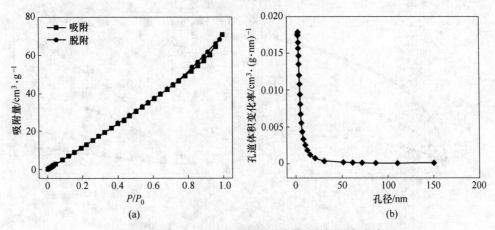

图 5.5 NaA-RS 沸石 N_2 吸附-脱附等温线和孔径分布

（a）NaA-RS 沸石 N_2 吸附-脱附等温线；（b）NaA-RS 沸石孔径分布

表 5.2 NaA-RS 的织构性质

样品	比表面积/$m^2 \cdot g^{-1}$	总孔体积/$cm^3 \cdot g^{-1}$	微孔体积/$cm^3 \cdot g^{-1}$	平均孔径/nm
NaA-RS	90	0.108	0.017	4.80

图 5.6 （a）展示了 NaA-RS 在 0 ℃、30 ℃、60 ℃下的 CO_2 吸附等温线的实验数据和吸附模型拟合曲线。CO_2 平衡吸附量随着温度的升高而降低，这也是典型的物理吸附特性。曲线斜率随着压力的增加而减小直至趋近于平坦，最大 CO_2 平衡吸附量是在 0 ℃ 和 101.3 kPa 时的 1.46 mmol/g。阳离子 Na^+ 的存在平衡了 Si—O—Al 骨架的负电荷，并且导致沸石内存在静电场。CO_2 气体分子的四极矩为 4.30×10^{-26} esu cm^2，并且较大的四极矩与沸石内部静电场的偶极的强相互作用导致了大量 CO_2 分子被吸附和储存在沸石孔隙结构中。

图 5.6 （b）展示了 NaA-RS 在 0 ℃、30 ℃、60 ℃下的 N_2 吸附等温线的实验数据和吸附模型拟合曲线。样品中 N_2 的平衡吸附量随压力和温度的变化趋势与 CO_2 的平衡吸附相同，也是随着温度的升高而降低。在 0 ℃ 时，N_2 的平衡吸附量远低于 CO_2，为 0.15 mmol/g。可能由于 N_2 分子具有较小的四极矩（1.52×10^{-26} esu cm^2），导致 N_2 分子在沸石的静电场中受到较小的静电作用，导致 N_2 吸附等温线呈现出几乎恒定的斜率。

CO_2 和 N_2 的吸附模型拟合线图由虚线表示，相应的模型拟合计算参数分别总结在表 5.3 和表 5.4 中。CO_2 和 N_2 的模型拟合计算结果的相关系数（R^2）接近 1，由此可以看出 DSL 模型可用来准确描述这两种气体在沸石中的变压吸附过程。随着压力的变化，两组吸附位点协同工作。

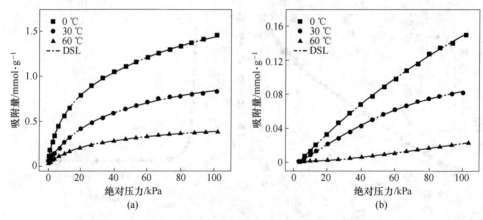

图 5.6　NaA-RS 沸石不同温度下 CO_2 和 N_2 的吸附等温线

（a）NaA-RS 沸石不同温度下 CO_2 吸附等温线；（b）NaA-RS 沸石不同温度下 N_2 吸附等温线

表 5.3　在不同温度下 CO_2 吸附的 DSL 模型参数

样品	温度/℃	$q_{m,A}$/mmol·g^{-1}	b_A/kPa^{-1}	$q_{m,B}$/mmol·g^{-1}	b_A/kPa^{-1}	R^2
NaA-RS	0	0.64565	0.18569	1.61896	0.01039	0.99952
	30	0.05289	0.81053	1.10299	0.02426	0.99941
	60	0.04876	1.04967	0.47751	0.02422	0.99894

表 5.4　在不同温度下 N_2 吸附的 DSL 模型参数

样品	温度/℃	$q_{m,A}$/mmol·g^{-1}	b_A/kPa^{-1}	$q_{m,B}$/mmol·g^{-1}	b_A/kPa^{-1}	R^2
NaA-RS	0	−0.00782	−4.261×10^{43}	0.54029	0.00408	0.99963
	30	−7.60034	0.02851	7.75177	0.02797	0.99898
	60	−0.07205	0.00789	0.39095	0.00158	0.99949

5.1.2　晶种水热法制备 NaX 沸石

采用与 NaA 类似的晶种水热合成步骤制备 NaX 沸石，在合成过程中化学试剂以 $5.5Na_2O$∶Al_2O_3∶$4SiO_2$∶$190H_2O$ 的摩尔比混合。将混合物置于聚丙烯瓶中，在 90 ℃下晶化 24 h。同样，使用化学试剂为硅源的晶种沸石样品被定义为 NaX-C，使用含有质量分数为 1% 的晶种和稻壳灰 SiO_2 作为硅源的样品和使用稻壳灰 SiO_2 作为硅源的未添加晶种的样品分别被定义为 NaX-RS 和 NaX-R。

图 5.7（a）展示了 NaX-C、NaX-R 和 NaX-RS 沸石样品的 XRD 图谱，根据图谱中衍射峰的角度和强度确定样品晶相和结晶情况。图中显示了三种样品都具有 FAU 类型沸石结构的 NaX 沸石特征衍射峰，在 $2\theta = 6.2°$、$10.1°$、$11.9°$、

15.6°、18.6°、20.2°、22.7°、23.5°、26.9°、29.4°、30.5°、31.2°、32.2°、33.9°、34.4°、37.6°和39.0°处。图5.7（b）展示了NaX-C、NaX-R和NaX-RS沸石样品的FTIR光谱，在3480 cm^{-1}和1637 cm^{-1}附近的吸收峰归因于样品中水分子氢键伸缩振动。在756 cm^{-1}处吸收峰对应于Si—O—Si的对称和不对称拉伸振动，675 cm^{-1}处的吸收峰对应于Al—O键的拉伸振动。

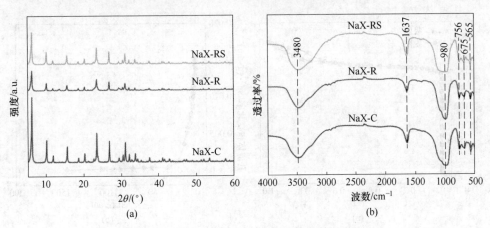

图5.7 NaX沸石的XRD图谱与FTIR光谱图

（a）NaX沸石的XRD图谱；（b）NaX沸石的FTIR光谱图

图5.8展示了扫描电子显微镜下观察到的合成过程中未添加晶种和添加晶种的沸石微观形貌，NaX-R沸石显示为均匀颗粒，为粗糙表面球体。在沸石合成过程添加晶种导致产生小的纳米颗粒，NaX-RS因大球体表面被小颗粒包裹而使外观看起来变得粗糙。

图5.8 NaX-R沸石与NaX-RS沸石的SEM图

（a）NaX-R沸石的SEM图；（b）NaX-RS沸石的SEM图

图5.9展示了NaX-RS的N$_2$吸附-脱附等温线和对应孔径分布。根据BDDT分

类方法，NaX-RS 显示出典型的 I 型吸附等温线，由于这些固体吸附剂具有微孔以及超微孔，在中压区发生外表面和介孔吸附，大孔和微粒间隙吸附导致高压区曲线再次迅速上升。BJH 孔径分布曲线显示其孔径大部分分布在微孔区域。NaX-RS 的织构性质被列在表 5.5 中。从比表面积、孔体积和平均孔径可以看出具有典型微孔特征。

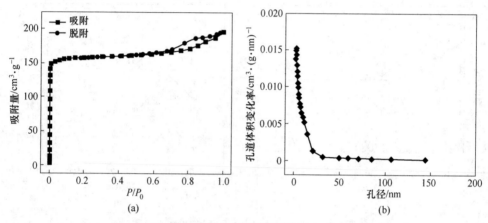

图 5.9　NaX-RS 沸石 N_2 吸附-脱附等温线和孔径分布

（a）NaX-RS 沸石 N_2 吸附-脱附等温线；（b）NaX-RS 沸石孔径分布

表 5.5　NaX-RS 的织构性质

样品	比表面积/$m^2 \cdot g^{-1}$	总孔体积/$cm^3 \cdot g^{-1}$	微孔体积/$cm^3 \cdot g^{-1}$	平均孔径/nm
NaX-RS	644	0.302	0.243	1.88

图 5.10（a）展示了 NaX-RS 在 0 ℃、30 ℃、60 ℃下的 CO_2 吸附等温线的实验数据和吸附模型拟合曲线。CO_2 平衡吸附量随温度升高而降低，与典型物理吸附相一致，曲线斜率随压力的增加而减小逐渐趋于平坦。NaX-RS 最大 CO_2 平衡吸附量是在 0 ℃和 101.3 kPa 时的 3.12 mmol/g。NaX-RS 具有最高的 BET 表面积和孔体积，并且由于较低的 Si/Al 比率拥有更多的 Na^+ 且导致了更多的静电场偶极，因此具有较高的吸附量。

图 5.10（b）展示了 NaX-RS 在 0 ℃、30 ℃、60 ℃下 N_2 吸附等温线的实验数据和吸附模型拟合曲线。样品的 N_2 吸附量随压力和温度变化情况与 CO_2 吸附相同，即随温度升高而降低。在 0 ℃时，N_2 的平衡吸附量远低于 CO_2，为 0.15 mmol/g。N_2 较小的四极矩导致其吸附等温线呈现具有几乎恒定斜率的直线型。

CO_2 和 N_2 的吸附模型拟合曲线如图中虚线表示，相应的模型拟合计算参数总

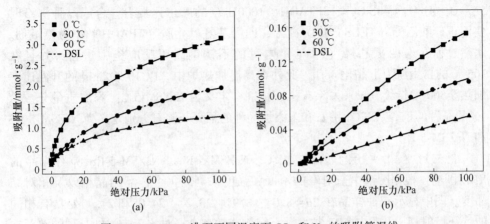

图 5.10 NaX-RS 沸石不同温度下 CO_2 和 N_2 的吸附等温线

（a）NaX-RS 不同温度下 CO_2 吸附等温线；（b）NaX-RS 不同温度下 N_2 吸附等温线

结在表 5.6 和表 5.7 中，CO_2 和 N_2 的模型拟合计算结果的相关系数（R^2）接近于1，由此可以看出 DSL 模型可用来准确描述这两种气体在沸石中的变压吸附过程。由于在低压下发生了更强的静电相互作用，所以 CO_2 分子更容易被阳离子提供的静电场吸附。在较高的压力下，静电场相关的吸附位点已经饱和，而吸附的分子更容易进入吸附剂的孔隙空间。通过模型计算得到的极限饱和吸附量可作为探索吸附剂在高压下的吸附状态的参考。

表 5.6　在不同温度下 CO_2 吸附的 DSL 模型参数

样品	温度/℃	$q_{m,A}$/mmol·g^{-1}	b_A/kPa^{-1}	$q_{m,B}$/mmol·g^{-1}	b_A/kPa^{-1}	R^2
	0	4.18039	0.00634	1.54792	0.16195	0.99965
NaX-RS	30	0.40550	0.24409	2.79382	0.01210	0.99982
	60	0.22043	0.73542	1.43896	0.02453	0.99966

表 5.7　在不同温度下 N_2 吸附的 DSL 模型参数

样品	温度/℃	$q_{m,A}$/mmol·g^{-1}	b_A/kPa^{-1}	$q_{m,B}$/mmol·g^{-1}	b_A/kPa^{-1}	R^2
	0	−0.05701	0.04535	0.40731	0.00967	0.99984
NaX-RS	30	−0.00250	−1.153×10^{46}	0.24582	0.00699	0.99877
	60	−0.00622	0.14976	0.29861	0.00253	0.99977

5.1.3　模板水热法制备 NaZSM-5 沸石

采用带有模板剂水热合成法制备 NaZSM-5，在合成过程中化学试剂以

$5Na_2O：Al_2O_3：48SiO_2：18PTAOH：1000H_2O$ 的摩尔比混合。合成晶种沸石时使用正硅酸乙酯（TEOS）作为硅源，四丙基氢氧化胺（TPAOH）作为模板剂。水热过程在聚四氟乙烯（PTFE）内衬的不锈钢高压反应釜中进行，并且在165 ℃的自生压力下晶化 48 h。此外在高温加热炉中，以 10 ℃/min 的升温速率加热至500 ℃持续 6 h 来去除有机模板剂，定义为 NaZSM-5-C。添加质量分数为1%的晶种的稻壳灰 SiO_2 沸石和未添加晶种的稻壳灰沸石分别定义为 NaZSM-5-RS和 NaZSM-5-R。

　　图 5.11（a）展示了 NaZSM-5-C、NaZSM-5-R 和 NaZSM-5-RS 沸石样品的XRD 图谱。根据图谱中衍射峰的角度和强度来判断每个样品的晶相以及相对结晶度。图中显示三种样品在 $2\theta = 8.0°$、$8.9°$、$23.2°$、$24.0°$ 和 $24.4°$ 处具有相同的特征衍射峰，并且与 MFI 类型沸石结构非常吻合。对比于未添加晶种的沸石样品，添加晶种的样品的衍射峰强度明显较高，表明晶种技术有利于获得更高结晶度的沸石。

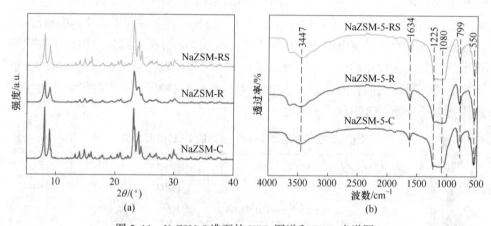

图 5.11　NaZSM-5 沸石的 XRD 图谱和 FTIR 光谱图

（a）NaZSM-5 沸石的 XRD 图谱；（b）NaZSM-5 沸石的 FTIR 光谱图

　　图 5.11（b）展示了 NaZSM-5-C、NaZSM-5-R 和 NaZSM-5-RS 沸石样品的FTIR 光谱，在 3447 cm^{-1} 和 1634 cm^{-1} 附近的吸收峰归因于样品中水分子的氢键伸缩振动。在 1080 cm^{-1} 和 799 cm^{-1} 处的吸收峰来自 Si—O—Si 和 Si—O—Al 四面体结构的对称和不对称拉伸振动。在 550 cm^{-1} 附近的吸收峰代表着 D6R 结构，在 1225 cm^{-1} 处的吸收峰对应于 ZSM-5 沸石中经典的五元环结构的不对称伸缩振动。

　　图 5.12 展示了扫描电子显微镜下观察到的在合成过程中未添加晶种和添加晶种沸石样品的微观形貌。可以看出未添加晶种的 NaZSM-5-R 显示为均匀的光

滑表面球体。在沸石过程中添加晶种会导致产生小的纳米颗粒，这些小颗粒包围在大颗粒晶种周围，使大球体表面看起来变得粗糙。

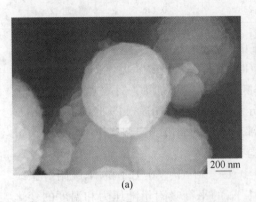

图 5.12　NaZSM-5-R 沸石与 NaZSM-5-RS 沸石的 SEM 图

(a) NaZSM-5-R 沸石的 SEM 图；(b) NaZSM-5-RS 沸石的 SEM 图

　　图 5.13 展示了液氮温度下 NaZSM-5-RS 的 N_2 吸附-脱附等温线和相应的孔径分布，根据 BDDT 分类方法，NaZSM-5-RS 显示出典型的 I 型吸附等温线，这是因为吸附剂具有微孔和超微孔。低压区吸附曲线快速上升因为发生了微孔吸附，中压区发生外表面和介孔吸附，大孔和微粒间隙使得高压区曲线再次上升。BJH 孔径分布中可看出孔径大部分分布在微孔区域。NaZSM-5-RS 的织构性质被列在表 5.8 中，从样品的比表面积、孔体积和平均孔径可以看出具有典型的微孔特征，并且具有一部分介孔，正是有介孔的存在使得其平均孔径大于 2 nm。

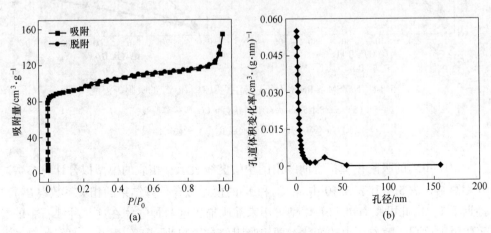

图 5.13　NaZSM-5-RS 沸石 N_2 吸附-脱附等温线和孔径分布

(a) NaZSM-5-RS 沸石吸附-脱附等温线；(b) NaZSM-5-RS 沸石孔径分布

表 5.8　NaZSM-5-RS 的织构性质

样　品	比表面积/$m^2 \cdot g^{-1}$	总孔体积/$cm^3 \cdot g^{-1}$	微孔体积/$cm^3 \cdot g^{-1}$	平均孔径/nm
NaZSM-5-RS	304	0.238	0.146	3.12

图 5.14（a）展示了 NaZSM-5-RS 在 0 ℃、30 ℃、60 ℃下 CO_2 吸附等温线的实验数据和吸附模型拟合曲线。沸石的 CO_2 平衡吸附量随着温度的升高而降低，这是典型的物理吸附特性。曲线的斜率随着压力的增加而减小，直到其趋向平坦。NaZSM-5-RS 的最大 CO_2 平衡吸附量分别是在 0 ℃和 101.3 kPa 时的 2.20 mmol/g。CO_2 气体分子的较大四极矩与沸石内部静电场的偶极的强相互作用导致了大量的 CO_2 分子被吸附和储存在沸石孔系结构中。

图 5.14（b）展示了 NaZSM-5-RS 在 0 ℃、30 ℃、60 ℃下的 N_2 吸附等温线的实验数据和吸附模型拟合曲线。样品中 N_2 的平衡吸附量随压力和温度的变化趋势与 CO_2 的平衡吸附量相同，也是平衡吸附量均随着温度的升高而降低。在 0 ℃时，N_2 的平衡吸附量远低于 CO_2，为 0.35 mmol/g。

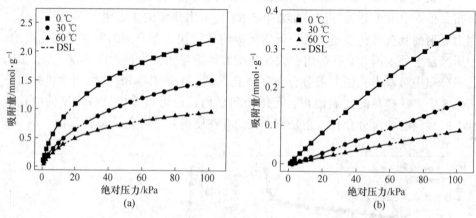

图 5.14　NaZSM-5-RS 沸石不同温度下 CO_2 和 N_2 的吸附等温线

（a）NaZSM-5-RS 沸石不同温度下 CO_2 吸附等温线；

（b）NaZSM-5-RS 沸石不同温度下 N_2 吸附等温线

CO_2 和 N_2 的吸附模型拟合曲线由图中的虚线表示，相应的模型拟合计算参数分别总结在表 5.9 和表 5.10 中。CO_2 和 N_2 的模型拟合计算结果的相关系数（R^2）接近于 1，由此可以看出 DSL 模型可用来准确描述这两种气体在这几种沸石中的变压吸附过程。随着压力的变化，两组吸附位点一起协同工作，并且它们各自亲和力的影响也随之发生变化。还可以解释为，由于在低压下发生了更强的静电相互作用，所以 CO_2 分子更容易被阳离子提供的静电场吸附。在较高的压力下，静电场相关的吸附位点已经饱和，而吸附的分子更容易进入吸附剂的孔隙空间。如果压力再进一步增加，沸石的吸附容量将达到极限饱和量。

表 5.9　在不同温度下 CO_2 吸附的 DSL 模型参数

样品	温度/℃	$q_{m,A}/mmol \cdot g^{-1}$	b_A/kPa^{-1}	$q_{m,B}/mmol \cdot g^{-1}$	b_A/kPa^{-1}	R^2
NaZSM-5-RS	0	0.72266	0.14512	2.66748	0.01284	0.99985
	30	0.18463	0.24713	2.31440	0.01314	0.99992
	60	0.68006	0.06180	0.84030	0.00741	0.99989

表 5.10　在不同温度下 N_2 吸附的 DSL 模型参数

样品	温度/℃	$q_{m,A}/mmol \cdot g^{-1}$	b_A/kPa^{-1}	$q_{m,B}/mmol \cdot g^{-1}$	b_A/kPa^{-1}	R^2
NaZSM-5-RS	0	−0.00620	0.44711	1.51772	0.00309	0.99996
	30	−0.00524	$-4.797×10^{46}$	3.07618	$5.602×10^{-4}$	0.99997
	60	−0.00122	0.96184	0.77998	0.00130	0.99999

为了研究吸附剂在工业烟气中吸附分离气体的实际应用价值，需要测量它们的 CO_2/N_2 吸附选择性。图 5.15~图 5.17 显示了在 0 ℃、30 ℃、60 ℃下样品的 CO_2/N_2 吸附量的摩尔比。由于 CO_2 和 N_2 分子的尺寸、极性和四极矩的差异，导致在不同的压力下它们的吸附能力总是相差很大。随着压力的降低，CO_2/N_2 的吸附选择性极大地增加，而在高压区的比值则趋于恒定。因此，为了获得更大的吸附选择性和分离效果，应该在真空变压吸附过程中尽可能地提高真空度。

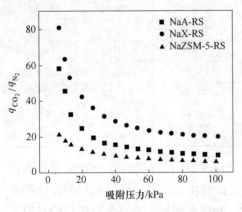

图 5.15　三种沸石在 0 ℃下 CO_2 与 N_2 吸附量比值

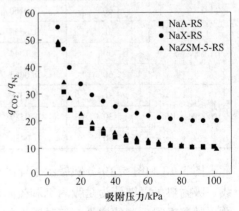

图 5.16　三种沸石在 30 ℃下 CO_2 与 N_2 吸附量比值

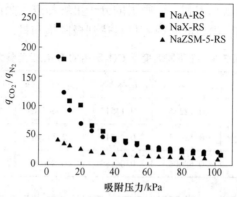

图 5.17　三种沸石在 60 ℃下 CO_2 与 N_2 吸附量比值

　　表 5.11 中列出了三种沸石在不同温度下的亨利定律常数和 CO_2 与 N_2 的吸附量比值。随着温度的升高，K_{CO_2} 数值的降低与平衡吸附量的变化趋势一致，表明亨利定律常数可以代表吸附质气体与吸附剂的亲和力。这可能是因为亨利定律常数适合于描述吸附过程中存在许多空闲的吸附位点的初始阶段。K_{CO_2} 大于 K_{N_2}，其解释了 CO_2 比 N_2 更容易进入吸附剂的孔系结构中。这是因为 CO_2 的分子量大于 N_2，但其分子动力学直径小于 N_2。

表 5.11　在不同温度下的亨利定律常数和 CO_2 与 N_2 吸附量比值

样品	温度/ ℃	K_{CO_2}	K_{CO_2}/K_{N_2}	CO_2 与 N_2 吸附量比值	
				$P=6$ kPa	$P=101$ kPa
NaA-RS	0	0.1996	133.09	58.27	9.65
	30	0.0301	39.16	48.08	10.21
	60	0.0160	151.58	236.89	17.13
NaX-RS	0	0.4653	258.51	80.85	20.26
	30	0.1044	93.17	54.52	19.98
	60	0.0683	156.72	184.64	22.62
NaZSM-5-RS	0	0.1378	33.76	21.14	6.21
	30	0.0539	40.54	49.23	9.37
	60	0.0488	53.39	41.76	10.59

　　图 5.18 和图 5.19 分别展示了样品的 CO_2 和 N_2 的吸附热随吸附量变化的曲线。吸附热可以被认为是吸附剂和吸附质气体的相互作用的能量不均匀程度的参数。随着吸附负荷的增加，三种沸石的 CO_2 吸附热增加，达到各自对应的最终平衡吸附量时曲线趋于平缓。这是非均相吸附剂的特征，是吸附质分子之间的协同相互作用的结果。NaA-RS 的吸附热增加最剧烈，而吸附量最小，说明其大量的

吸附热影响了对 CO_2 分子的吸附作用。而三种沸石的 N_2 吸附热随吸附量变化的趋势是有区别的。随着 N_2 吸附量的增加，NaA-RS 的吸附热增大，NaX-RS 的吸附热减小，而 NaZSM-5-RS 的吸附热几乎保持恒定。这可能是由于气体相互作用强度与气固两相非均匀相互作用的强度之间的差异引起的。在 NaA-RS 吸附 N_2 的过程中，气固相两相非均匀相互作用的强度比气体之间相互作用的强度大。在 NaX-RS 吸附 N_2 的过程中，气体之间相互作用更占优势。在 NaA-RS 吸附 N_2 的过程中，两种作用强度相差不多。

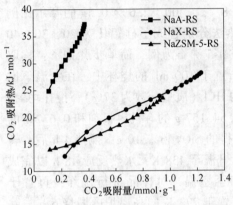

图 5.18　NaA-RS、NaX-RS 和 NaZSM-5 的 CO_2 吸附热

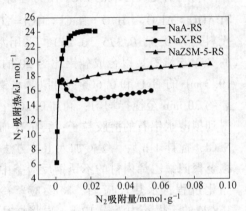

图 5.19　NaA-RS、NaX-RS 和 NaZSM-5 的 N_2 吸附热

此外，由于变压吸附过程中压力变化是迅速进行的，而过程中产生热量变化不能及时与外部环境交换，因此变压吸附过程可以近似看作绝热过程。吸附过程中释放的热量阻碍了吸附反应，降低了吸附剂的吸附性能。图 5.20 和图 5.21 展示了初始温度为 0 ℃时 CO_2 和 N_2 的绝热工作吸附量，它考虑了吸附热对吸附剂

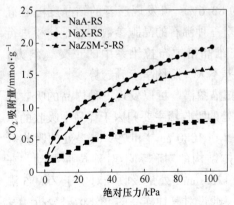

图 5.20　NaA-RS、NaX-RS 和 NaZSM-5 的 CO_2 绝热工作吸附能力

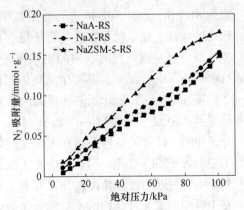

图 5.21　NaA-RS、NaX-RS 和 NaZSM-5 的 N_2 绝热工作吸附能力

吸附性能的影响。NaA-RS、NaX-RS 和 NaZSM-5-RS 的 CO_2 的绝热工作吸附量分别为 0.78 mmol/g、1.92 mmol/g、1.58 mmol/g，且 N_2 吸附分别为 0.148 mmol/g、0.153 mmol/g、0.178 mmol/g。可以观察到，虽然吸附热给实际应用带来一些阻碍，但这几种沸石仍然具有优异的吸附和分离 CO_2 的能力。

5.1.4　低温水热法制备富铝 ZSM-5

利用稻壳灰提取的 SiO_2 作为硅源、以拟薄水铝石作为铝源，按照 SiO_2：$TPAOH$：Al_2O_3：H_2O：$NaCl$：$HCl = 20 : 8 : x : 400 : 2.6x : 0.5x$ 的摩尔比例投料（$x = 0.5$、0.375、0.25），采用水热法分别合成了硅铝比为 20、30、40 的 ZSM-5 沸石。以合成硅铝比为 20 的 ZSM-5 沸石为例，简单步骤如下：称取 19.3 mL 的 H_2O 和 0.606 g 的拟薄水铝石置于 100 mL 的烧杯中，在室温下搅拌约 20 min 至搅拌均匀；滴加 0.205 g 的 HCl（质量分数为 37%），搅拌均匀，得到拟薄水铝石的溶胶粒子；再依次加入 54.157 g 的有机模板剂和 0.632 g 的 NaCl，搅拌 1 h 后，缓慢加入上述方法获得的 SiO_2 粉末 10 g；搅拌 4 h 后，转移至聚四氟乙烯内衬的不锈钢反应釜中，升温至 438 K，水热反应 48 h 以完成晶化过程；水热反应后，将反应釜冷却至室温，对样品进行洗涤；再置于 368 K 的干燥箱内干燥 12 h，再将样品放置于 773 K 的高温炉内煅烧 6 h 去除模板剂，得到样品 ZSM-5-R-m（$m = 20$、30、40）。将得到的样品作为后续沸石制备的晶种。

图 5.22（a）展示了硅铝比为 20、30、40 的 ZSM-5 沸石的 XRD 图谱。从扫描图谱中可发现，三种硅铝比的样品在 $2\theta = 8.0°$、8.9°、23.2°、24.0° 和 24.4° 处有相同的特征衍射峰，并且几乎没有杂峰，这表明了 ZSM-5 沸石的成功合成。通过分析计算得出 ZSM-5-R-20 沸石的结晶度为 79.4%，ZSM-5-R-30 沸石的结晶度为 81.8%，ZSM-5-R-40 沸石的结晶度为 83.6%，可发现三者的结晶度随着硅铝比的增加，结晶度呈上升趋势。接下来对三种沸石的晶胞参数和晶胞体积进行了计算，可发现三种沸石的晶胞均属于三维晶格中布拉维系中的正交（斜方）（Orthorhombic）晶系，其单个晶胞体积相差不大，隐约呈上升趋势。

图 5.22（b）展示了三种样品的红外扫描图谱。可以发现三种样品的吸收峰位置基本一致，在 3447 cm^{-1} 和 1634 cm^{-1} 处的吸收峰主要归因于样品中吸收的水分子中 O—H 键的拉伸振动和弯曲振动带，在 1080 cm^{-1} 和 799 cm^{-1} 处的吸收峰主要归因于 Si—O—Si 和 Si—O—Al 四面体结构的对称和不对称拉伸振动，在 550 cm^{-1} 附近的吸收峰代表 D6R 结构，在 1225 cm^{-1} 处是吸收峰对应于 ZSM-5 沸石中典型的五元环结构的不对称伸缩振动。通过对三种样品的红外衍射分析，发现三个样品均具有 ZSM-5 沸石的基本特征吸收峰，可进一步确定 ZSM-5 沸石的成功合成。

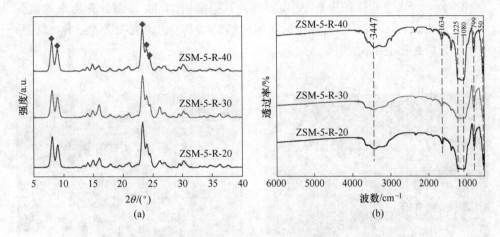

图 5.22　ZSM-5-R 沸石的 XRD 图和 FTIR 光谱图
(a) ZSM-5-R 沸石的 XRD 图；(b) NaZSM-5-R 沸石的 FTIR 光谱图

图 5.23 展示了三种硅铝比沸石的 SEM 图谱，(a)、(c) 和 (e) 三个样品均为在 2 万倍的扫描电镜下观测到的，(b)、(d) 和 (f) 三个样品均为在 5 万倍的扫描电镜下观测到的。从 SEM 图谱可看出，由于模板剂的加入，三种硅铝比的样品结晶都比较完整，无非晶态的 SiO_2 存在，形成了完整的晶粒。此外，三种样品分散较为均匀，无明显团聚现象，各样品的颗粒大小形貌较为均一，多为棱柱状，粒径约为 200 nm，随着硅铝比的增加，粒径略有减小的趋势，但差别不大。进一步证明了采用稻壳灰中提取的 SiO_2 作为硅源，在有模板剂的条件下可以成功合成较低硅铝比的、粒径为 200 nm 左右的、形状均一、结晶完整的 ZSM-5 沸石。

图 5.24 展示了三种沸石在液氮温度下进行的 N_2 吸附-脱附等温线及孔径分布图。可发现三种硅铝比的 ZSM-5 沸石的 N_2 吸脱附曲线线型介于 I 型和 IV 型等温线中间，又称 Langmuir 等温线，这说明了 ZSM-5 沸石是具有微孔结构的分子筛。在 P/P_0 小于 0.01 时（低压区），ZSM-5 沸石的吸附量都迅速上升，其主要原因是发生了微孔吸附，在 P/P_0 大于 0.01 时（高压段），吸附量先是平稳增加，而后迅速增加，主要原因是介孔吸附以及大孔和微粒之间的间隙进行吸附，这与孔径分布测出来的结果相一致。对于 ZSM-5-R-20 沸石，其在低压区对 N_2 的吸附量已达到 90 cm^3/g，随着压力的增加，其吸附量仅增加到 130 cm^3/g，说明其主要吸附量产生在样品微孔区，后面吸附量的平稳增加则表明了样品中有介孔存在。将等温线分别用 DFT 模型和 BJH 模型进行分析，分别得到该样品在微孔段和介孔段的孔径分布图，可发现其微孔段孔径主要集中于 0.58 nm 和 0.7 nm 附近，介孔区域也主要集中于 2 nm 附近，少量达到 40~60 nm，该样品的比表面积

为 302.1 m²/g，总孔体积为 0.192 cm³/g，其中根据 T-plot 模型计算出来的微孔体积达到 0.115 cm³/g，占总体积的比率达到 59.9%，也能表明 ZSM-5-R-20 样品中主要为微孔孔道结构。

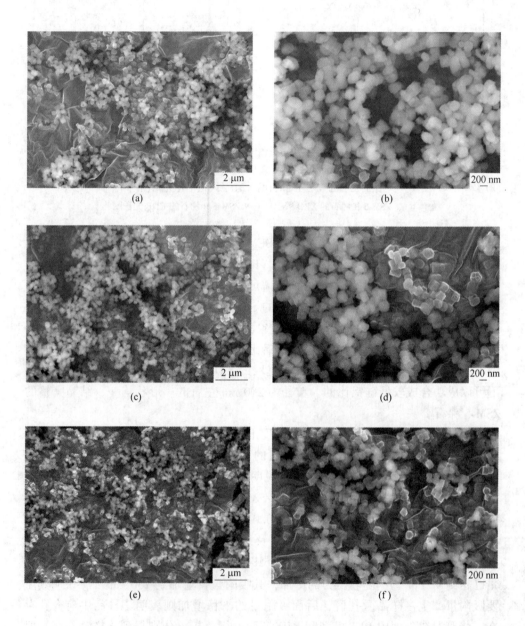

图 5.23　ZSM-5-R-*m* 沸石的 SEM 图

（a）（b）ZSM-5-R-20；（c）（d）ZSM-5-R-30；（e）（f）ZSM-5-R-40

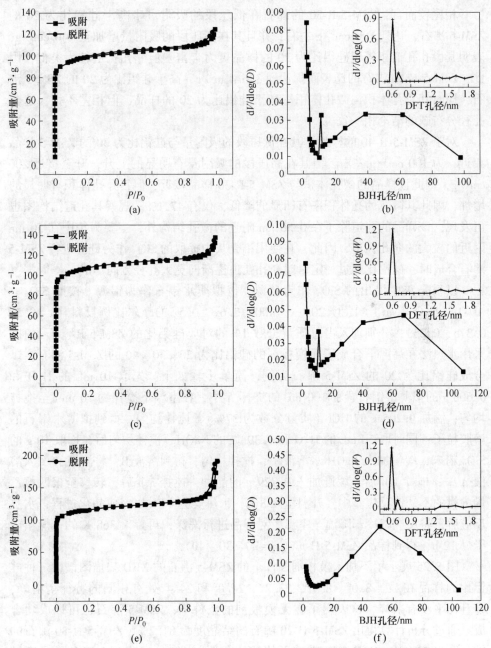

图 5.24 ZSM-5-R-*m* 沸石在 77 K 下的 N_2 吸附-脱附等温线和孔径分布图

（a）ZSM-5-R-20 沸石 N_2 吸附-脱附等温线；（b）ZSM-5-R-20 沸石孔径分布；

（c）ZSM-5-R-30 沸石 N_2 吸附-脱附等温线；（d）ZSM-5-R-30 沸石孔径分布；

（e）ZSM-5-R-40 沸石 N_2 吸附-脱附等温线；（f）ZSM-5-R-40 沸石孔径分布

（dV/dlog（D）表示一定孔段区间孔体积的变化率）

相比较而言，ZSM-5-R-30 的沸石在低压段的吸附量略高于硅铝比为 20 的 ZSM-5 沸石，达到 100 cm^3/g 左右，并且其在高压段的吸附量增加至 140 cm^3/g，表明其微孔孔道相较于硅铝比为 20 的样品更为丰富，但介孔孔道较为类似，因此，ZSM-5-R-30 沸石的比表面积达到 326.4 m^2/g，高于硅铝比为 20 的 ZSM-5 沸石，同时其总孔体积、微孔体积都高于硅铝比为 20 的样品，但相差不大，这与孔径分布图的结论相一致。

对于 ZSM-5-R-40 的样品，其在低压段的吸附量与硅铝比为 30 的 ZSM-5 样品相近，为 100 cm^3/g 左右，但其在高压段的吸附量有明显的上升，升至接近 200 cm^3/g，因此该样品的微孔体积与 ZSM-5-R-30 样品接近，但其介孔体积有明显的增加，因此其微孔的孔体积率有明显的降低，仅有 47.1%。观察其孔道结构图也可发现，该样品的孔道除了在 0.58 nm 附近的微孔结构外，主要为集中在 50 nm 附近的较大的介孔孔道，因此，在使用稻壳灰中提取的 SiO$_2$ 作为硅源进行 ZSM-5 沸石合成时，硅铝比超过一定量时介孔孔道逐渐向更大孔径方向形成。

以稻壳灰中提出的 SiO$_2$ 作为硅源、以拟薄水铝石作为铝源，按照 SiO$_2$：Al$_2$O$_3$：H$_2$O：NaCl：HCl = 20：x：400：2.6x：0.5x 的摩尔比例投料（x = 0.5、0.375、0.25），分别加入占总质量分数 1% 的对应硅铝比的 ZSM-5-R 沸石晶种，采用水热法在高温下合成了无模板剂的硅铝比为 20、30、40 的 ZSM-5 沸石。以合成硅铝比为 20 的 ZSM-5 沸石为例，简单步骤如下：先取 10 mL 的 H$_2$O 和 0.606 g 的拟薄水铝石置于 100 mL 的烧杯 A 中，在室温下搅拌约 20 min 至搅拌均匀；滴加 0.205 g 的 HCl（质量分数为 37%），搅拌均匀，得到拟薄水铝石的溶胶粒子；同时取 50 mL 的 H$_2$O 和 1.398 g 的 NaOH，搅拌均匀后，称取 10 g 的 SiO$_2$ 粉末，缓慢加入 NaOH 水溶液中，搅拌均匀，得到溶液 B；将溶液 B 倒入溶液 A 中；搅拌 1 h 后，缓慢加入 0.729 g 的晶种；搅拌 3 h 后，转移至聚四氟乙烯内衬的不锈钢反应釜中，升温至 438 K，水热反应 48 h 以完成晶化过程；水热反应后，将反应釜冷却降温至室温，对样品进行洗涤，再置于 368 K 的干燥箱内干燥 12 h，得到样品 ZSM-5-H-m（m = 20、30、40）。

图 5.25 展示了不加入模板剂条件下的 ZSM-5 沸石的 XRD 扫描图谱，三种硅铝比的样品在 2θ = 8.0°、8.9°、23.2°、24.0° 和 24.4° 处有相同的特征衍射峰，并且几乎没有杂峰，这表明了在无模板剂的条件下，ZSM-5 沸石也可以成功合成。通过分析计算得出 ZSM-5-H-20 沸石的结晶度为 81.2%，ZSM-5-H-30 沸石的结晶度为 73.5%，ZSM-5-H-40 沸石的结晶度为 62.4%，可发现三者的结晶度随着硅铝比的增加，结晶度呈下降趋势，这主要是因为在不加入模板剂的情况下，晶种的加入起诱导合成的作用，但随着硅铝比的增加，SiO$_2$ 的溶解难度增大，ZSM-5 沸石的结晶难度随之增加。此外，对三种沸石的晶胞参数和晶胞体积进行了计算，可发现三种沸石的晶胞同样属于三维晶格中布拉维系中的正交（斜方）

晶系，其单个晶胞体积呈上升趋势。

以上述沸石为晶种，利用晶种诱导可实现低温合成 ZSM-5 沸石，目前合成 ZSM-5 沸石的水热温度达到 438 K，该方法在 393 K 温度下可实现沸石的合成。合成过程及投料比与 ZSM-5-H-*m* 沸石相同，合成温度选择 393 K，结晶时间为 7 天，晶种用量占总投料的质量比为 1%，依次得到样品 ZSM-5-L-20、ZSM-5-L-30 和 ZSM-5-L-40。

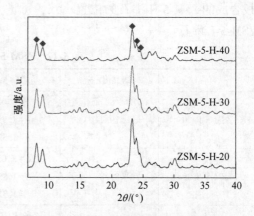

图 5.25 ZSM-5-H-*m* 沸石的 XRD 图谱

图 5.26 (a) 展示了沸石 ZSM-5-L-20、ZSM-5-L-30 和 ZSM-5-L-40 的 XRD 图谱。可发现三种硅铝比的样品在 $2\theta = 8.0°$、$8.9°$、$23.2°$、$24.0°$ 和 $24.4°$ 处有相同的特征衍射峰，并且几乎没有杂峰，这表明了 ZSM-5 沸石的成功合成。通过分析计算得出 ZSM-5-L-20 沸石的结晶度为 84.1%，ZSM-5-L-30 沸石的结晶度为 77.3%，ZSM-5-L-40 沸石的结晶度为 69.9%，可发现在相同的结晶时间下，三者的结晶度随着硅铝比的增加，结晶度呈下降趋势，可推测在不加入模板剂的条件下，不同硅铝比的样品在低温条件下进行合成时，硅铝比越高，需要的结晶时间越长。接下来对三种沸石的晶胞参数和晶胞体积进行了计算，其结果见表 5.12，可发现三种沸石的晶胞均属于三维晶格中布拉维系中的正交（斜方）晶系，其单个晶胞体积相差不大。

图 5.26 (b) 展示了沸石 ZSM-5-L-20、ZSM-5-L-30 和 ZSM-5-L-40 的 FTIR 图谱。可发现三种样品的吸收峰位置基本一致，且与 ZSM-5-R 沸石晶种和高温无模

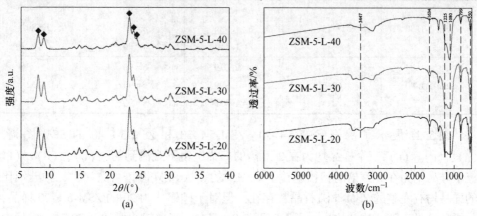

图 5.26 ZSM-5-L 沸石的 XRD 图谱和 FTIR 光谱图

(a) ZSM-5-L 沸石的 XRD 图谱；(b) ZSM-5-L 沸石的 FTIR 光谱图

板合成的 ZSM-5-H 沸石的位置一致，可进一步确定在低温条件下，成功合成了 ZSM-5-L 沸石。

表 5.12　ZSM-5 沸石参数

样品	结晶度/%	晶体轴长/nm	晶体轴角/(°)	晶胞体积/nm^3
ZSM-5-R-20	79.4	$a=2.022$ $b=1.990$ $c=1.329$	$\alpha=90$ $\beta=90$ $\gamma=90$	5.34836
ZSM-5-R-30	81.8	$a=2.027$ $b=1.993$ $c=1.324$	$\alpha=90$ $\beta=90$ $\gamma=90$	5.35037
ZSM-5-R-40	83.6	$a=2.022$ $b=1.989$ $c=1.334$	$\alpha=90$ $\beta=90$ $\gamma=90$	5.36639
ZSM-5-H-20	81.2	$a=1.966$ $b=1.986$ $c=1.339$	$\alpha=90$ $\beta=90$ $\gamma=90$	5.22555
ZSM-5-H-30	73.5	$a=1.972$ $b=1.986$ $c=1.337$	$\alpha=90$ $\beta=90$ $\gamma=90$	5.23522
ZSM-5-H-40	62.4	$a=1.963$ $b=1.989$ $c=1.348$	$\alpha=90$ $\beta=90$ $\gamma=90$	5.25488
ZSM-5-L-20	84.1	$a=1.969$ $b=1.988$ $c=1.338$	$\alpha=90$ $\beta=90$ $\gamma=90$	5.23813
ZSM-5-L-30	77.3	$a=1.964$ $b=1.986$ $c=1.340$	$\alpha=90$ $\beta=90$ $\gamma=90$	5.22680
ZSM-5-L-40	69.9	$a=2.019$ $b=1.999$ $c=1.331$	$\alpha=90$ $\beta=90$ $\gamma=90$	5.37452

图 5.27 展示了沸石 ZSM-5-L-20、ZSM-5-L-30 和 ZSM-5-L-40 的 SEM 图谱，(a)、(c)、(e) 三个样品均为在 2 万倍的扫描电镜下观测到的，(b)、(d)、(f) 三个样品均为在 5 万倍的扫描电镜下观测到的。从 SEM 图谱可看出，三种硅铝比的样品均有完整的 ZSM-5 沸石晶粒存在，但对于硅铝比为 20 的 ZSM-5-L-20 样品，其样品结晶完整，尺寸均一，无无定形 SiO_2 存在，当硅铝比增加至 30 时，样品中有少量的无定形 SiO_2 存在，当硅铝比增加至 40 时，有大量的无定形的 SiO_2 存在，

进一步验证对三种样品进行的 XRD 表征结果，即随着硅铝比的增加，样品的结晶度下降，硅铝比越大，需要的结晶时间越长。此外三种样品结晶的完整的晶粒形状类似，均为厚度为 200 nm 左右的棱柱状，粒径相近，为 1~2 μm。

图 5.27　ZSM-5-L-*m* 沸石 SEM 图
(a)（b) ZSM-5-L-20；(c)（d) ZSM-5-L-30；(e)（f) ZSM-5-L-40

　　图 5.28 展示了沸石 ZSM-5-L-20、ZSM-5-L-30 和 ZSM-5-L-40 的 N_2 吸附-脱附等温线测试及孔径分布图。三种样品的比表面积、孔体积、孔径分布结果列于表 5.13 中。可发现三种硅铝比的 ZSM-5 沸石的 N_2 吸脱附曲线线型介于 I 型和 IV 型

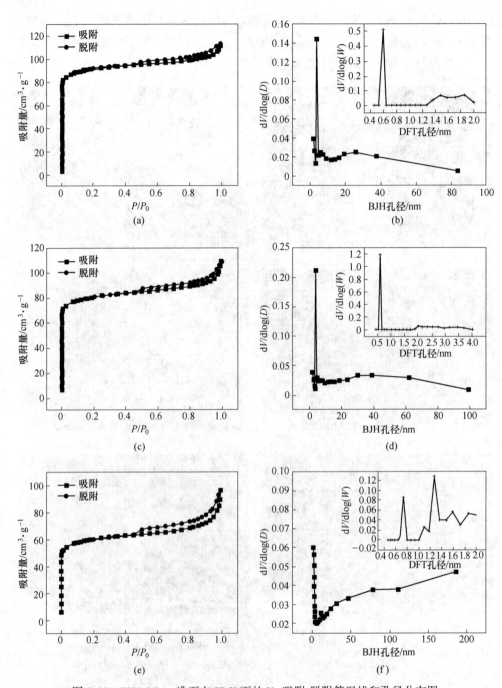

图 5.28　ZSM-5-L-*m* 沸石在 77 K 下的 N₂ 吸附-脱附等温线和孔径分布图

（a）ZSM-5-L-20 沸石 N₂ 吸附-脱附等温线；（b）ZSM-5-L-20 沸石孔径分布；

（c）ZSM-5-L-30 沸石 N₂ 吸附-脱附等温线；（d）ZSM-5-L-30 沸石孔径分布；

（e）ZSM-5-L-40 沸石 N₂ 吸附-脱附等温线；（f）ZSM-5-L-40 沸石孔径分布

表 5.13 **ZSM-5-L-*m*** 沸石的织构性质

样品	比表面积/m² · g⁻¹	总孔体积/cm³ · g⁻¹	微孔体积/cm³ · g⁻¹	微孔体积率/%
ZSM-5-L-20	284.8	0.176	0.110	62.5
ZSM-5-L-30	246.3	0.169	0.098	60.0
ZSM-5-L-40	182.9	0.149	0.071	47.7

等温线中间，这说明了在低温无模板剂的条件下合成的 ZSM-5 沸石也是具有微孔结构的分子筛。在 P/P_0 小于 0.01 时（低压区），ZSM-5 沸石的吸附量都迅速上升，其主要原因是发生了微孔吸附，在 P/P_0 大于 0.01 时（高压段），吸附量先是平稳增加，而后迅速增加，主要原因是介孔吸附以及大孔和微粒之间的间隙进行吸附，这与孔径分布测出来的结果相一致。对于 ZSM-5-L-20 沸石，其在低压区对 N_2 的吸附量为 85 cm³/g 左右，随着压力的增加，其吸附量仅增加到接近 120 cm³/g，说明其主要吸附量产生在样品微孔区，此外，此样品在测试过程中有滞回环出现，表明了样品中有介孔存在，将等温线分别用 DFT 模型和 BJH 模型进行分析，分别得到该样品在微孔段和介孔段的孔径分布图，可发现其微孔段孔径主要集中于 0.58 nm 附近，介孔区域也主要集中于 2 nm 附近，说明通过此方法合成的硅铝比为 20 的 ZSM-5 沸石的孔径均匀，该样品的比表面积为 284.8 m²/g，总孔体积为 0.176 cm³/g，其中根据 T-plot 模型计算出来的微孔体积达到 0.110 cm³/g，占总体积的比率达到 62.5%，也能表明 ZSM-5-L-20 样品中主要为微孔孔道结构。相比较于高温下合成的对应硅铝比的样品，其比表面积和总孔体积都略有上升，但微孔体积相差不大，也因此，其微孔体积所占的比例有所下降，但总体来说，低温条件下合成的硅铝比为 20 的 ZSM-5 沸石与高温下合成的样品相差不大。

相比较而言，ZSM-5-L-30 的沸石在低压段的吸附量略低于硅铝比为 20 的 ZSM-5 沸石，并且其在高压段的吸附量相差不大，表明其介孔孔道略丰富于硅铝比为 20 的样品，经 BET 模型计算，ZSM-5-L-30 沸石的比表面积为 246.3 m²/g，略低于硅铝比为 20 的 ZSM-5 沸石，同时其总孔体积、微孔体积都与硅铝比为 20 的样品相差不大，这与孔径分布图的结论相一致。但相比较于对应高温合成的硅铝比为 30 的沸石，其比表面积、总孔体积、微孔体积和微孔体积所占的比例有所下降，说明其生长过程尚未彻底完成。

对于 ZSM-5-L-40 的样品，其在低压段的吸附量明显低于硅铝比为 30 的 ZSM-5 沸石，仅为 60 cm³/g 左右，但其在高压段的吸附量有明显的上升，升至接近 100 cm³/g，因此该样品的微孔体积远小于 ZSM-5-L-30 样品，但其介孔体积有明显的增加，因此其微孔的孔体积率有明显的降低，仅有 47.7%，此外，该样品的滞回环也十分明显，表明了样品中介孔的存在，观察其孔道结构图也可发现，该样品的孔道除了在 0.58 nm 附近的微孔结构外，在 1～2 nm 范围内也有丰富的微孔结构，介孔区的孔径更为分散，各孔径范围均有大量的分布，但这可能主要是因为大量未完全反应的无定形 SiO_2 的存在。相比较高温合成对应硅铝比的样品，其比表面积为 182.9 m^2/g，相差不大，对应的总孔体积和微孔体积也相近，因此，在低温条件下靠晶种诱导合成硅铝比为 40 的 ZSM-5 沸石与高温条件下合成存在相同的问题，即 SiO_2 结晶不完全。

图 5.29 展示了 ZSM-5-L-m 样品在 273 K、303 K 和 333 K 下的 CO_2 吸附等温线以及 Langmuir、Toth 和 DSL 三个模型的拟合曲线。表 5.14 给出了三个模型分别对三个样品进行拟合后的参数表，其中 R^2 为相关系数。根据三个样品在不同温度下的 CO_2 吸附曲线，可发现随着温度的增加，三个样品的吸附量均呈下降趋势。对于硅铝比为 20 的样品，当温度分别为 273 K、303 K 和 333 K 时，其在 0.1 MPa 下的吸附量依次为 2.02 mmol/g、1.76 mmol/g 和 1.50 mmol/g，在 1.5 MPa 附近的吸附量则依次为 2.39 mmol/g、2.26 mmol/g 和 2.16 mmol/g，均接近等量递减；对于硅铝比为 30 的样品，其在 0.1 MPa 下的吸附量依次为 1.61 mmol/g、1.25 mmol/g 和 1.12 mmol/g，在 1.5 MPa 附近的吸附量则依次为 2.10 mmol/g、1.82 mmol/g 和 1.67 mmol/g，可发现对于该样品，当温度从 273 K 提升至 303 K 时，样品的吸附量有明显的降低，但当温度继续升高 30 K 时，样品吸附量下降较少；对于硅铝比为 40 的样品，其在 0.1 MPa 下的吸附量依次为 1.27 mmol/g、1.07 mmol/g 和 0.79 mmol/g，在压力为 1.5 MPa 附近的吸附量则依次为 1.70 mmol/g、1.65 mmol/g 和 1.47 mmol/g，可发现对于该样品，当温度从 273 K 提升至 303 K 时，样品的吸附量下降较少，但当温度继续升高 30 K 时，样品吸附量明显；可推测，样品中为生长成完整晶粒的 SiO_2 越多，其在较高温度下的 CO_2 吸附量变化越明显。观察三个硅铝比样品在同温度条件下对 CO_2 的吸附能力，可发现，随着硅铝比的增加，样品的吸附量明显降低。

从三种模型拟合出的结果可看出，三种模型拟合后的相关系数 $R^2 = 0.9189$～0.9989，对于相同的样品，其 Toth 模型的拟合结果更为匹配，说明对低温合成的三种硅铝比的 ZSM-5 沸石来说，经典的 Langmuir 模型不能很好地拟合样品的吸附等温线，说明三种样品均不属于简单的单层吸附，而是存在非均质吸附，这主要是因为样品中存在未完全晶化的 SiO_2，导致了样品中存在部分非均质吸附。此外，表中参数是将模型中和温度有关的参数还原至吸附温度 T 和常数，进行拟合运算，得出结果更具有真实性，三个样品的饱和吸附量分别为 2.96 mmol/g、2.78 mmol/g 和 2.52 mmol/g，随着硅铝比的增加呈递减趋势。

图 5.30 展示了三种沸石 CO_2 和 O_2 的选择吸附性。在 273 K 的温度下，对三种硅铝比的 ZSM-5 沸石对 CO_2 和 O_2 分别的吸附量进行了测试，对得到的吸附等温线进行拟合，再利用拟合公式计算对应样品的 CO_2/O_2 的选择吸附性。其 CO_2

吸附曲线的拟合度最高的模型均为 Toth 模型，接下来选取 Toth 模型对三种样品对 O_2 的吸附等温线进行拟合，得到的模型拟合参数列于表 5.15 中。

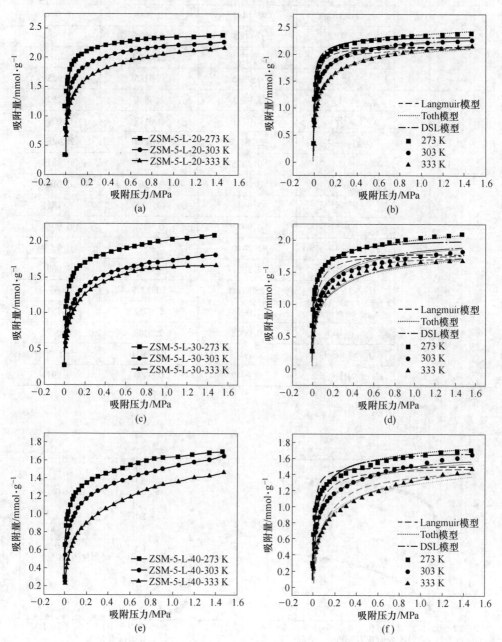

图 5.29 ZSM-5-L-m 沸石在 273 K、303 K 和 333 K 下的 CO_2 吸附等温线和拟合模型

（a）ZSM-5-L-20 沸石的 CO_2 吸附等温线；（b）ZSM-5-L-20 沸石的拟合模型；

（c）ZSM-5-L-30 沸石的 CO_2 吸附等温线；（d）ZSM-5-L-30 沸石的拟合模型；

（e）ZSM-5-L-40 沸石的 CO_2 吸附等温线；（f）ZSM-5-L-40 沸石的拟合模型

表 5.14　**ZSM-5-L-*m* 沸石在 273 K、303 K 和 333 K 下的 CO$_2$ 吸附等温线模型参数**

模型	参数	ZSM-5-L-20	ZSM-5-L-30	ZSM-5-L-40
Langmuir	q_m/mmol · g^{-1}	2.1481	1.7889	1.5086
	b_0/MPa	0.0008	0.0005	2.9964
	Q/kJ · mol^{-1}	22877.8	22439.3	28762.6
	R^2	0.9235	0.9185	0.9259
Toth	q_m/mmol · g^{-1}	2.9591	2.7840	2.2526
	b_0/MPa	0.0231	0.0117	0.0017
	Q/kJ · mol^{-1}	25267.9	24166.0	27240.1
	t_0	0.2825	0.1112	0.2815
	α	0.0017	0.1565	0.0163
	T_0/K	3.9646	14.2171	8.1511
	R^2	0.9972	0.9941	0.9911
DSL	$q_{m,A}$/mmol · g^{-1}	1.2440	0.9575	0.9679
	$b_{0,A}$/MPa	4.5951	0.0006	4.0683
	Q_A/kJ · mol^{-1}	25090.0	26828.9	22968.4
	$q_{m,B}$/mmol · g^{-1}	1.0924	1.0752	0.7514
	$b_{0,B}$/MPa	0.0002	2.5189	8.0473
	Q_B/kJ · mol^{-1}	33681.3	24439.1	56279.6
	R^2	0.9949	0.9803	0.9911

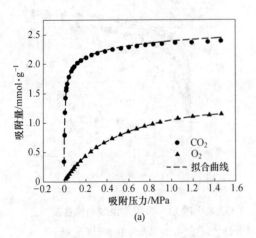

(a)

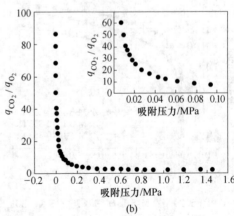

(b)

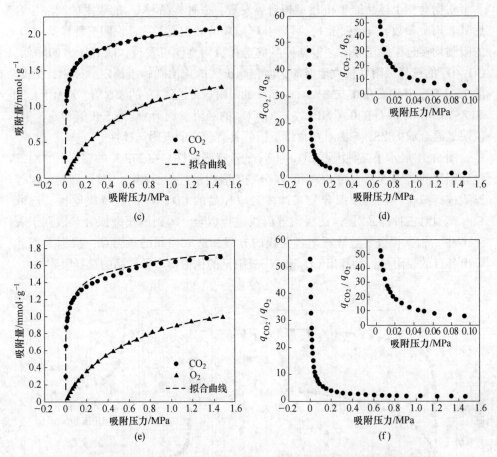

图 5.30 ZSM-5-L-*m* 沸石在 273 K 下的 CO_2/O_2 吸附等温线及吸附量比值

（a）ZSM-5-L-20 沸石的 CO_2/O_2 吸附等温线；（b）ZSM-5-L-20 沸石的吸附量比值；

（c）ZSM-5-L-30 沸石的 CO_2/O_2 吸附等温线；（d）ZSM-5-L-30 沸石的吸附量比值；

（e）ZSM-5-L-40 沸石的 CO_2/O_2 吸附等温线；（f）ZSM-5-L-40 沸石的吸附量比值

表 5.15 ZSM-5-L-*m* 沸石在 273 K 下的 CO_2 和 O_2 吸附等温线模型参数

样品	吸附气体	q_m/mmol · g^{-1}	b/MPa	t	R^2
ZSM-5-L-20	CO_2	2.9591	1568.6	0.2842	0.9972
	O_2	1.5568	0.1987	1	0.9998
ZSM-5-L-30	CO_2	2.7840	489.1	0.2758	0.9941
	O_2	1.8295	0.1861	0.9224	0.9998
ZSM-5-L-40	CO_2	2.2526	275.1	0.2983	0.9911
	O_2	1.5725	0.1701	0.8380	0.9994

根据对三个样品的 Toth 模型拟合可发现：三种样品对 O_2 的吸附曲线经拟合后其非均质参数 t 均接近于 1，远高于对 CO_2 的非均质参数，说明三种样品对 O_2 的吸附均接近于单层吸附。根据样品的选择吸附性图可发现：随着压力的降低，CO_2/O_2 的选择吸附性极大地增加，而在高压区的比值则趋于恒定。硅铝比为 20 的 ZSM-5-L-20 沸石在 0.1 MPa 时对 CO_2 的吸附量可达到 O_2 的 8.0 倍，ZSM-5-L-30 和 ZSM-5-L-40 沸石在 0.1 MPa 左右对 CO_2 的吸附量约为 O_2 的 5.8 倍和 6.3 倍，说明低温合成的 ZSM-5 沸石在常压下依然具有较高的吸附选择性。

图 5.31 展示了三种沸石 CO_2 和 N_2 的选择吸附性。在 273 K 的温度下，对三种硅铝比的 ZSM-5 沸石对 CO_2 和 N_2 分别的吸附量进行了测试，对得到的吸附等温线进行拟合，再利用拟合公式计算对应样品的 CO_2/N_2 的选择吸附性。选取 Toth 模型对三种样品对 N_2 的吸附等温线进行拟合，得到的模型拟合参数列于表 5.16 中，根据拟合参数计算出各曲线的方程，选取相同的压力点，根据方程计算出各自的吸附量，计算出 CO_2 和 N_2 吸附量的比值得出各样品的选择吸附性。

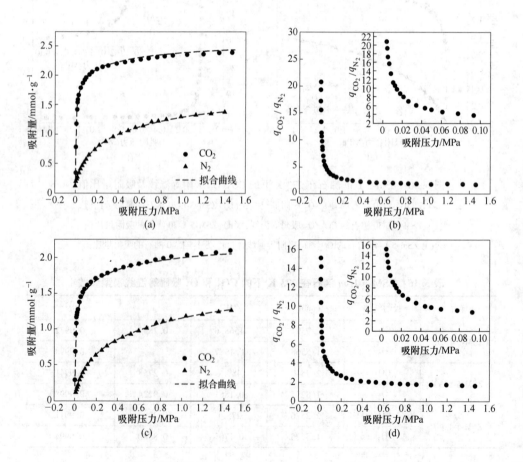

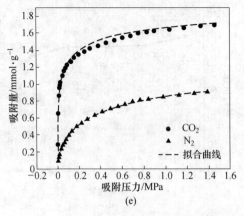
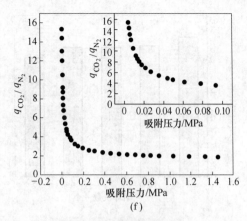

(e)   (f)

图 5.31   ZSM-5-L-m 沸石在 273 K 下的 CO_2/N_2 吸附等温线及吸附量比值

（a）ZSM-5-L-20 沸石的 CO_2/N_2 吸附等温线；（b）ZSM-5-L-20 沸石的吸附量比值；

（c）ZSM-5-L-30 沸石的 CO_2/N_2 吸附等温线；（d）ZSM-5-L-30 沸石的吸附量比值；

（e）ZSM-5-L-40 沸石的 CO_2/N_2 吸附等温线；（f）ZSM-5-L-40 沸石的吸附量比值

表 5.16   ZSM-5-L-m 沸石在 273 K 下的 CO_2 和 N_2 吸附等温线模型参数

样品	吸附气体	q_m/mmol·g^{-1}	b/MPa	t	R^2
ZSM-5-L-20	CO_2	2.9591	1568.6	0.2842	0.9972
	N_2	2.0828	0.7953	0.5554	0.9996
ZSM-5-L-30	CO_2	2.7840	489.1	0.2758	0.9941
	N_2	2.2615	0.7228	0.4824	0.9994
ZSM-5-L-40	CO_2	2.2526	275.1	0.2983	0.9911
	N_2	1.3358	0.8860	0.5586	0.9996

    根据对三个样品的 Toth 模型拟合可发现：三种样品对 N_2 的吸附曲线经拟合后其非均质参数 t 均高于对 CO_2 的非均质参数，说明三种样品对 N_2 的吸附更接近于单层吸附。根据样品的选择吸附性图可发现：随着压力的降低，CO_2/N_2 的选择吸附性极大地增加，而在高压区的比值则趋于恒定。硅铝比为 20 的 ZSM-5-L-20、ZSM-5-L-30 和 ZSM-5-L-40 沸石在 0.1 MPa 时对 CO_2 的吸附量分别可达到 N_2 的 3.8 倍、3.4 倍和 3.6 倍，说明低温合成的 ZSM-5 沸石在常压下对 N_2 的选择吸附性要低于 O_2。

    此外，对样品的再生性能进行了测试，在不取下样品的情况下，不重新活化样品，直接进行循环吸脱附，观察样品吸附量的变化情况。图 5.32 展示了各样品循环吸脱附 5 次过程中，样品在 1.5 MPa 附近的 CO_2 吸附量。将再生吸附量与初始吸附量的百分比定义为吸附指数。根据测试结果可发现，三种样品在进行第

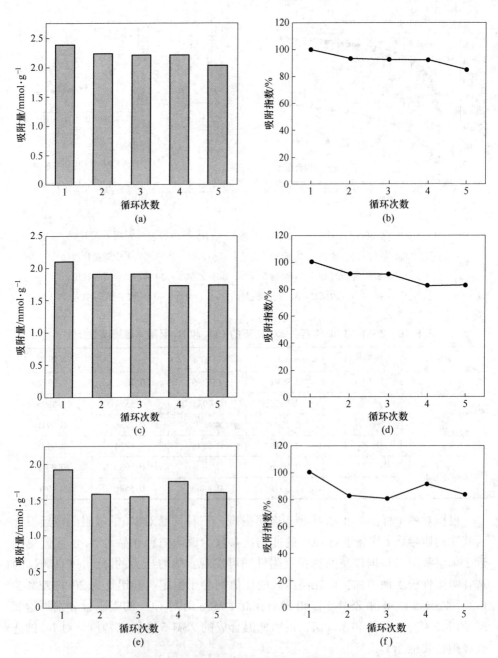

图 5.32　循环次数对 ZSM-5-L-m 沸石的 CO_2 吸附量及吸附指数的影响

（a）循环次数对 ZSM-5-L-20 沸石的 CO_2 吸附量的影响；（b）循环次数对 ZSM-5-L-20 沸石吸附指数的影响；

（c）循环次数对 ZSM-5-L-30 沸石的 CO_2 吸附量的影响；（d）循环次数对 ZSM-5-L-30 沸石吸附指数的影响；

（e）循环次数对 ZSM-5-L-40 沸石的 CO_2 吸附量的影响；（f）循环次数对 ZSM-5-L-40 沸石吸附指数的影响

二次吸脱附性能测试时，样品的吸附量有明显的下降，这主要是因为对于高压吸附仪，其抽真空的能力较差，不能达到很高的真空度，以至于单纯通过抽真空排出样品中吸附的气体时，气体不能完全排出，因此在进行第二次吸脱附循环时，样品中因含有未排出的 CO_2 气体导致实测量偏低。

对于 ZSM-5-L-20 沸石，其循环五次在 1.5 MPa 附近的吸附量依次为 2.39 mmol/g、2.23 mmol/g、2.21 mmol/g、2.21 mmol/g 和 2.03 mmol/g，从第二次循环吸脱附开始，样品的吸附指数依次为 93.43%、92.59%、92.28% 和 85.01%，说明 ZSM-5-L-20 沸石具有较好的吸附再生性。对于 ZSM-5-L-30 沸石，吸脱附循环五次后在 1.5 MPa 附近的吸附量依次为 2.11 mmol/g、1.92 mmol/g、1.91 mmol/g、1.73 mmol/g 和 1.74 mmol/g，从第二次循环吸脱附开始，样品的吸附指数依次为 91.15%、90.68%、82.25% 和 82.69%，说明 ZSM-5-L-30 沸石的吸附再生能力略差于 ZSM-5-L-20 沸石。对于 ZSM-5-L-40 沸石，其循环五次在 1.5 MPa 附近的吸附量依次为 1.92 mmol/g、1.58 mmol/g、1.54 mmol/g、1.75 mmol/g 和 1.60 mmol/g，从第二次循环吸脱附开始，样品的吸附指数依次为 82.49%、80.11%、91.35% 和 83.43%，ZSM-5-L-40 沸石的吸附能力波动较大，可能与样品中含有大量非结晶态 SiO_2 有关。因此，随着硅铝比的增加，三种样品的吸附再生能力呈下降趋势。

5.2 玉米芯制备活性炭

5.2.1 活性炭制备方法及优化

将玉米芯原料用蒸馏水冲洗，以去除玉米芯表面的杂质，然后在干燥箱内 120 ℃下干燥 12 h，将玉米芯用粉碎机粉碎，约为 200 目（75 μm），即颗粒约为 0.075 mm。将 20 g 玉米芯粉置于石英管式炉中，以 N_2 为保护气由室温升温至 450 ℃，并恒温 4 h，N_2 的气流量为 100 mL/min，待管式炉冷却至室温，称量所得玉米芯炭化物的质量。取 10 g 玉米芯炭化物浸渍在预先制备的一定浓度 KOH 溶液中室温下搅拌 8 h，搅拌速率为 100 r/min，过滤并在干燥箱内 120 ℃下干燥 12 h。将在 KOH 中溶液浸渍所得玉米芯炭化物料置于石英管式炉中，以 N_2 为保护气由室温升温至指定的温度活化，并恒温 2 h，N_2 的气流量为 100 mL/min。将所得活化物料用去离子水反复洗涤，待溶液 pH 值约为 7 即可，过滤并在干燥箱内 120 ℃下干燥 12 h，称量所得玉米芯活性炭的质量，记录并计算玉米芯活性炭的收率。

使用 KOH 活化玉米芯炭化物，使其表面受到侵蚀，从而使玉米芯炭化物的细孔结构更加发达。具体过程是将玉米芯炭化物浸渍在一定浓度 KOH 溶液中室温下 8 h，干燥后将其置于石英管式炉中，以 N_2 为保护气由室温升温至指定的温度活化，并恒温 2 h，制备得到玉米芯活性炭。

图 5.33 展示了活化温度和 KOH 浓度对玉米芯活性炭收率的影响，可以看出，随着活化温度的升高，玉米芯活性炭的收率在逐渐减小，且玉米芯活性炭收率的变化率也在逐渐减小；玉米芯活性炭的收率基本维持在 21%~25% 之间。可能是随着温度的升高，活性炭表面的含氧官能团、含氮官能团等功能性官能团开始分解，部分碳骨架开始坍塌、缩聚。玉米芯活性炭收率随着 KOH 浓度的增大而增大，变化率也在逐渐增大；玉米芯活性炭的收率基本维持在 21%~22% 之间。可能是 KOH 溶液浸渍过程中有 K^+ 离子渗透到玉米芯炭化物的结构内部，使玉米芯活性炭的质量增加，且随着 KOH 浓度的增大，渗透的 KOH 也越多，从而造成玉米芯活性炭收率也越大。

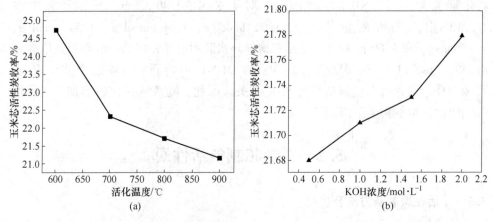

图 5.33　活化温度和 KOH 浓度对玉米芯活性炭收率的影响
(a) 活化温度对玉米芯活性炭收率的影响；(b) KOH 浓度对玉米芯活性炭收率的影响

图 5.34 展示了活化温度和 KOH 浓度对玉米芯活性炭比表面积的影响，可以看出，玉米芯活性炭的比表面积随活化温度的升高先增大后减小，活化温度为 800 ℃ 时，玉米芯活性炭的比表面积最大，为 653.2 m^2/g。可能是活化温度较低时，KOH 活化剂活化反应速度较慢，随着温度的升高，炭化物与活化剂 KOH 之间反应速率逐渐增大，从而使炭化物形成微孔和中孔结构；当温度超过 800 ℃ 时，KOH 对玉米芯炭化物过度活化开孔，从而造成微孔不断扩大，形成孔径较大的中孔和大孔，使玉米芯活性炭比表面积下降。玉米芯活性炭的比表面积随 KOH 浓度的增大先增大后减小；KOH 浓度为 1.0 mmol/L 时，玉米芯活性炭的比表面积最大。玉米芯活性炭的比表面积基本维持在 637.5~653.2 m^2/g 范围内。可能是 KOH 浓度较低时，KOH 对玉米芯炭化物的开孔作用较弱，且随着 KOH 浓度的增大增强，KOH 对玉米芯炭化物开孔、拓孔作用过强，从而造成微孔过

度开孔形成孔径较大的中孔和大孔，使玉米芯活性炭比表面积下降。可知最优的活化条件为：活化温度为 800 ℃，KOH 浓度为 1.0 mmol/L。

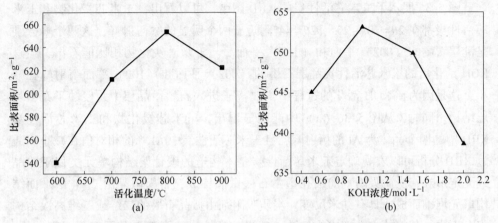

图 5.34　活化温度和 KOH 浓度对玉米芯活性炭比表面积的影响

（a）活化温度对玉米芯活性炭比表面积的影响；（b）KOH 浓度对玉米芯活性炭比表面积的影响

图 5.35 展示了玉米芯活性炭的孔径分布及累计孔体积，可以看出，在活化温度为 800 ℃、KOH 浓度为 1.0 mmol/L 的条件下制备的玉米芯活性炭具有最大的孔径变化率和累计孔体积，最大孔径变化率说明了此条件下制备的玉米芯活性炭中孔径在 2.5 nm 左右的孔最多，最大累计孔体积说明了此条件下制备的玉米芯活性具有最发达的微孔、中孔，从而有最大的孔数量、孔径、比表面积。这些数据都直接有利于 CO_2 等气体分子的吸附。同时，从图中还可以看出，所有活性炭都具有发达的孔结构，孔径在 2.5~3.0 nm 之间，累计孔体积在 0.03 mL/g 左右，都能够用于 CO_2 气体的吸附。

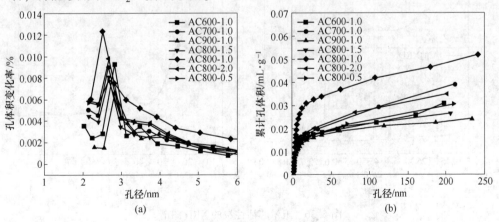

图 5.35　孔径分布和累计孔体积

（a）玉米芯活性炭的孔径分布；（b）玉米芯活性炭的累计孔体积

5.2.2　玉米芯活性炭表征分析

图5.36展示了玉米芯活性炭的XRD图谱，可以看出，玉米芯炭化物和玉米芯活性炭都在$2\theta=20°\sim25°$、$2\theta=44°$附近有两个明显的宽衍射峰，这两个峰分别是乱层石墨的（002）平面和（100）平面。与玉米芯炭化物相比能看出，经过KOH活化后的玉米芯活性炭乱层石墨的（002）平面和（100）平面衍射峰在减小，这是因为在KOH活化的过程中，K^+离子进入石墨微晶层中，侵蚀了石墨片层结构。同时，从图5.36（a）中能明显看出，玉米芯炭化物和玉米芯活性炭XRD中的四个晶体为Al的衍射峰，且玉米芯活性炭中Al峰的相对值在减小。通过XRD分析可以宏观确定玉米芯活性炭基本构造的碳骨架结构单元类似于非晶或无定形炭，炭质吸附剂的细孔壁由石墨微晶构成，石墨微晶由2~4层平面结构单元堆砌而成，具有纳米尺度。炭质吸附剂由微晶石墨的二维或三维高次结构组合而成，其间的空隙即成为细孔。玉米芯活性炭的石墨微晶属于无规则结构，是非晶态。

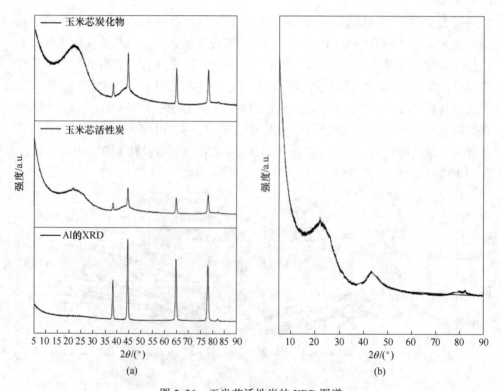

(a)　　　　　　　　　　(b)

图5.36　玉米芯活性炭的XRD图谱

（a）Al掺杂玉米芯炭化物和玉米芯活性炭的XRD图谱；（b）不含Al的玉米芯活性炭的XRD图谱

图 5.37 展示了玉米芯活性炭的 FTIR 光谱，可以看出，玉米芯活性炭的 FTIR 光谱在 3448 cm⁻¹ 处出现的吸收峰，对应于羟基中的 O—H 键的伸缩振动。2931 cm⁻¹ 处的吸收峰对应于甲基或者甲基基团中 C—H 键的伸缩振动峰。在 2364 cm⁻¹ 处的强吸收峰对应于 C≡C 键、C≡N 键或者累计双键的伸缩振动峰。在 1650 cm⁻¹ 附近的吸收峰对应于为 C═O 键的伸缩振动峰。在 1542 cm⁻¹ 处强吸收峰对应于 C═C 键的伸缩振动峰，而此处氨基中 N—H 键和 N—H₂ 键的吸收峰常常被覆盖，显现不明显。在 1037 cm⁻¹ 出现一个强吸收峰，对应于 C—O 单键、C—O—C 醚键的伸缩振动峰。另外在 1600 cm⁻¹、1510 cm⁻¹、1420 cm⁻¹ 等处吸收峰对应于木质素大分子等芳香族的特征，如松柏基、芥子基、香豆基等，这些键常常由于高温炭化、活化等过程热解强度减弱或者消失。

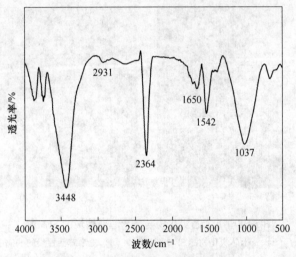

图 5.37　玉米芯活性炭的 FTIR 光谱图

图 5.38 中的 (a)、(b) 为玉米芯炭化物的 SEM 图，(c)、(d) 为 KOH 活化制备的玉米芯活性炭的 SEM 图。可以看出，玉米芯在炭化以后变成了具有不规则孔状结构的导电体，其大孔的直径大约为 6 μm。玉米芯炭化物在经过 KOH 活化后变得更有规则、有次序，其原因是化学活化剂 KOH 浸渍到结构内部起到了开孔、拓孔作用，其大孔的直径大约为 10 μm。玉米芯活性炭有丰富的大孔，整体呈蜂巢状，有不规则的孔洞。玉米芯活性炭有充足的管状结构，直径约为 10 μm，管道长度约为 50 μm。大的孔隙利于化学活化剂 KOH 浸渍到结构内部，利于中孔、微孔的形成，从而形成发达的孔隙结构。

5.2.3　玉米芯活性炭吸附性能

图 5.39 展示了玉米芯活性炭的热解及失重情况。可以看出，玉米芯活性炭

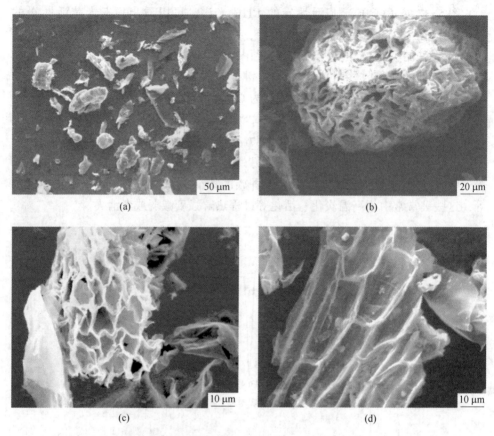

图 5.38   玉米芯炭化物与玉米芯活性炭的 SEM 图

（a）（b）玉米芯炭化物的 SEM 图；（c）（d）玉米芯活性炭的 SEM 图

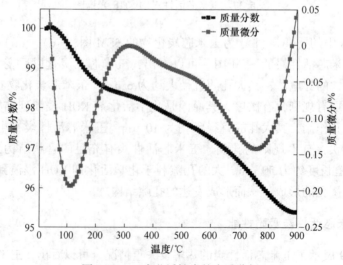

图 5.39   玉米芯活性炭的失重分析

的热分解过程可以分为两个阶段：第一阶段发生在常温至 300 ℃，主要集中在
100~200 ℃，这个阶段主要是水分的丢失，即自由水和结合水的丢失；第二阶段
发生在 400~900 ℃，主要集中在 600~800 ℃，这个阶段归因于活性炭碳材料的
分解，即纤维素、半纤维素和木质素的进一步分解。还可以看出，玉米芯活性炭
中水的脱附在 300 ℃ 之前已经进行完成。采用热重分析仪测绘等温吸附曲线来分
析常压 30 ℃ 条件下玉米芯活性炭对 CO_2 气体的吸附性能，进一步研究玉米芯活
性炭对于 CO_2/N_2 分离的能力。先将温度升至 300 ℃ 进行活化，然后降温至 30 ℃
下进行吸附测试。

图 5.40 展示了常压 30 ℃ 条件下所制备玉米芯活性炭对 CO_2 的吸附能力，其
吸附量为 1.649 mmol/g，对 N_2 的吸附量为 0.418 mmol/g。所制备的玉米芯活性
炭对 CO_2、N_2 两种气体吸附量相差较大，这是因为 CO_2 气体分子比 N_2 气体分子
有极性，且 CO_2 气体分子直径比 N_2 气体分子直径小，使 CO_2 气体分子更易进入
玉米芯活性炭的孔结构中被吸附。还可以看出，玉米芯活性炭对 CO_2 气体的吸附

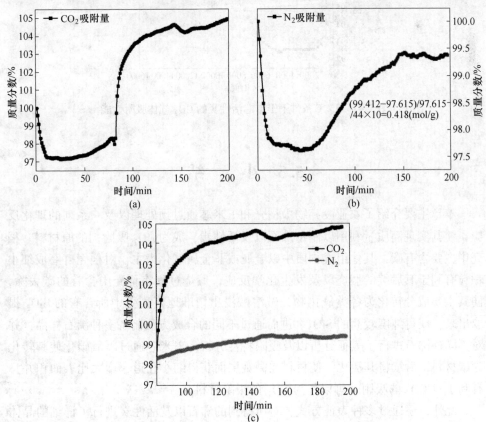

图 5.40 30 ℃ 条件下玉米芯活性炭的气体吸附性能

(a) CO_2 吸附量；(b) N_2 吸附量；(c) CO_2 和 N_2 相对吸附量

速率大于对 N_2 气体的吸附速率。因此，玉米芯活性炭可以应用于烟道气、燃烧尾气中 CO_2 的吸附回收，即在 CO_2 气体的回收中，可以利用玉米芯活性炭吸附不同气体的时间差来吸附分离，从而提高 CO_2 气体分离的效率和回收的效果。

图 5.41 展示了常压 35 ℃条件下，所制备玉米芯活性炭对 CO_2 的吸附量为 1.590 mmol/g，比 30 ℃时 CO_2 的吸附量 1.649 mmol/g 下降了 3.6%。符合物理吸附剂的一般规律，即物理吸附剂对气体的吸附量随温度升高下降的规律。同时，从侧面说明所制备的玉米芯活性炭有很好的 CO_2 气体吸附性能，适合于 CO_2 气体的捕集回收。

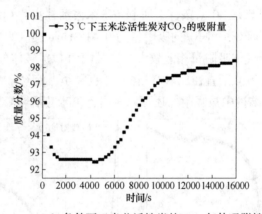

图 5.41 35 ℃条件下玉米芯活性炭的 CO_2 气体吸附性能

5.3 小   结

本章主要介绍了农业废弃物中稻壳和玉米芯通过预处理以及一系列的理化反应，使其实现高质量利用以制备沸石以及活性炭，成为 CO_2 吸附剂的原材料。稻壳中主要含有碳，其他组成物质中以金属或非金属氧化为主，对稻壳打磨成细小颗粒有利于其后续的煅烧以及发生化学反应，煅烧过程将稻壳中含有的碳去除，使其主要成分转化为各类氧化物，碱溶酸浸出精准地将稻壳中所含有的 SiO_2 提取出来，获得纯度较高的 SiO_2。进而通过不同的合成方法制备多种沸石样品，并对不同种沸石进行了表征分析以及吸附特性分析。玉米芯通过隔氧碳化使其转化为碳材料，后续将其活化，使材料在微观层面获得细小孔道，增大比表面积并且有利于对 CO_2 的吸附，可以作为 CO_2 的吸附材料。

此外，还通过多种表征方式，对所得到的沸石以及活性炭进行了详细的晶体结构分析以及微观形貌分析，通过探究多种 CO_2 吸附剂的吸附能力，将其在不同的温度下测试其吸附水平。另外针对实际情况，面向工业使用，将吸附剂在不同的混合气体中进行不同温度的吸附能力测试,并将吸附结果通过吸附模型进行拟合,对其进行理论分析和计算,以此对吸附剂的使用价值和潜力进行了全面评估,并给出了每一种吸附剂的适用情况。这一部分的分析更有利于实现农业废弃物的高质量利用,避免了通过焚烧带来的环境问题以及资源的低水平消耗,有利于推动节能环保工作的进行,为农业废弃物制备的 CO_2 吸附剂在工业上的应用提供了参考价值,并进一步证明了农业废弃物的潜在价值。

参 考 文 献

[1] Pode R. Potential applications of rice husk ash waste from rice husk biomass power plant [J]. Renewable and Sustainable Energy Reviews, 2016, 53: 1468-1485.

[2] Sun L, Gong K. Silicon-based materials from rice husks and their applications [J]. Industrial & Engineering Chemistry Research, 2001, 40 (25): 5861-5877.

[3] Vaiciukyniene D, Kantautas A, Vaitkevicius V, et al. Effects of ultrasonic treatment on zeolite NaA synthesized from by-product silica [J]. Ultrasonics Sonochemistry, 2015, 27: 515-521.

[4] Zhang X, Tang D, Zhang M. Synthesis of NaX zeolite: influence of crystallization time, temperature and batch molar ratio SiO_2/Al_2O_3 on the particulate properties of zeolite crystals [J]. Powder Technology, 2013, 235: 322-328.

[5] Liu Z, Wu D, Ren S. Facile one-pot solvent-free synthesis of hierarchical ZSM-5 for methanol to gasoline conversion [J]. RSC Advances, 2016, 6 (19): 15816-15820.

[6] Brunauer S, Deming L S, Deming W E, et al. On a theory of the van der Waals adsorption of gases [J]. Journal of the American Chemical Society, 1940, 62 (7): 1723-1732.

[7] Deng H, Yi H, Tang X, et al. Adsorption equilibrium for sulfur dioxide, nitric oxide, carbon dioxide, nitrogen on 13X and 5A zeolites [J]. Chemical Engineering Journal, 2012, 188: 77-85.

[8] Sebastian J, Jasra R V. Sorption of nitrogen, oxygen, and argon in silver-exchanged zeolites [J]. Industrial & engineering chemistry research, 2005, 44 (21): 8014-8024.

[9] Li P, Tezel F H. Equilibrium and kinetic analysis of CO_2-N_2 adsorption separation by concentration pulse chromatography [J]. Journal of Colloid and Interface Science, 2007, 313 (1): 12-17.

[10] Nieszporek K, Rudzinski W. On the enthalpic effects accompanying the mixed-gas adsorption on heterogeneous solid surfaces: a theoretical description based on the integral equation approach [J]. Colloids and Surfaces A: Physicochemical and Engineering Aspects, 2002, 196 (1): 51-61.

[11] Rouquerol F, Rouquerol J, Sing K, et al. Adsorption by powders and porous solids [M]. Academic Press, 2014.

[12] 何平. 多胺基材料的制备、表征及其对 CO_2 吸附性能的研究 [D]. 北京: 北京化工大学, 2010.

6 沸石结构优化及掺杂改性对吸附 CO_2 性能影响

为了进一步提高沸石在工业应用条件下的 CO_2 吸附能力和实用性，近年来对其改性的方面进行了广泛研究。主要集中在改变沸石骨架外所吸附的阳离子，主要方法有利用金属离子交换使沸石骨架外吸附不同的阳离子、沸石表面负电荷吸附羟基或氨基等官能团、沸石表面负电荷吸附阳离子表面活性剂、改变沸石表面的亲疏水性或电负性等。

Zhang 等人制备碱金属和碱土金属离子交换 CHA 沸石，包括 Li^+、Na^+、K^+、Mg^{2+}、Ca^{2+} 和 Ba^{2+}。通过评估绝热分离因子（Adiabatic Separation Factor，ASF）和捕获优点（Capture Figure of Merit，CFM），发现了 NaCHA 和 CaCHA 在高温 CO_2 分离中具有优势。Yang 等人研究了具有高铝含量的 Beta 沸石与 Li^+、K^+、Mg^{2+}、Ca^{2+}、Cs^+ 和 Ba^{2+} 的离子交换改性。获得了不同阳离子沸石的 CO_2 吸附量的顺序为 $K^+>Na^+>Li^+>Ba^{2+}>Ca^{2+}\approx Cs^{2+}>Mg^{2+}$，并发现所有阳离子交换的样品都显示出更高的 CO_2 吸附选择性。Lee 等人用有机胺修饰 ZSM-5，研究 PEI 浸渍改性方法对 CO_2 吸附能力的影响。因为这样增加化学反应位点，导致其在 40 ℃ 时保持令人满意的吸附性能。Hemalatha 等人采用浸渍法得到 CeO_2 和 NaZSM-5 的复合材料，吸附剂中的 CeO_2 与 CO_2 气体分子之间产生的强偶极相互作用增强了吸附效应。徐等人提出了"分子篮"概念的吸附剂，即用 PEI 对介孔 SiO_2 材料 MCM-41 进行湿法浸渍改性，在 75 ℃ 下其吸附量达到了改性前的纯 MCM-41 的 24 倍。Yue 等人制备了由四乙烯五胺（TEPA）和二乙醇胺（DEA）混合改性的介孔 SiO_2 材料 SBA-15，并验证了其在 75 ℃ 下的高 CO_2 选择性吸附和长期循环稳定。

为探究沸石改性方法对 CO_2 吸附性能的影响，本章选择了对应阳离子交换、官能团改性、添加表面活性剂和改变硅铝比的四个案例，系统介绍了其制备方法、表征结果以及 CO_2 吸附性能的测试，为后续研究提供参考。

6.1 高岭土基沸石 CHA 骨架外阳离子对 CO_2 吸附性能的影响

沸石 CHA 在自然界有广泛的分布，但是由于天然沸石中含有大量的杂质，且质地坚硬不利于气体的扩散，因此在实际的使用中通常通过人工制备的方法来获取。沸石 CHA 理想的化学式为 $M_{x/m}[(Al_2O_3)_x \cdot (SiO_2)_y] \cdot zH_2O$，其中 m 表示阳离子价态数，M 代表阳离子，在自然界多以钙、钠、钾三种元素为主，z 表示水合数，x 和 y 为整数。沸石 CHA 在结构上是一种八面沸石，骨架结构属于菱方晶系，由多组双六元环按照 ABC 堆积方式构成，孔径为 0.37 nm×0.42 nm 或者 0.31 nm×0.44 nm 的八元环超笼结构，如图 6.1（a）所示。沸石 CHA 的这种结构决定了其是一种比表面积很大的材料，而且内表面的面积是固体颗粒物外表面面积的 100 倍，巨大的表面积使沸石 CHA 内表面具有数量可观的吸附位，使沸石 CHA 气体吸附量上限很高。

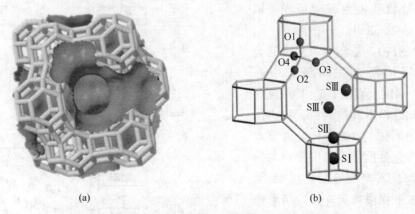

(a)　　　　　　　　　(b)

图 6.1　沸石 CHA 骨架结构、孔道及阳离子分布示意图

（a）沸石 CHA 骨架结构及孔道示意图；（b）沸石 CHA 阳离子分布位置示意图

高岭土的主要成分为 Al_2O_3 和 SiO_2，金属氧化物含量很少，这一特点很大程度减少了在晶体形成过程中金属氧化物的干扰。高岭土中的硅铝两种元素的物质的量之比接近 1，这一比例与沸石 CHA 的硅铝比非常接近，因此以高岭土为原料制备沸石 CHA 不需要添加过多的额外硅源，适合高岭土基沸石 CHA 的制备。由于不同的阳离子在孔道内的四个位置的分布上存在差异，所以沸石 CHA 具有很强的离子交换性。骨架外阳离子由于其核外电子分布、原子量以及在孔道内的分布位置等特性的不同，对沸石的气体吸附性能的影响也有所差异。本节通过离子交换的方法制备不同阳离子类型的沸石 CHA，探究引入骨架外阳离子对沸石吸附性能的影响。

6.1.1　不同阳离子类型沸石 CHA 的制备

高岭土基钾型沸石 CHA（KCHA）在无水的条件下制备会掺杂大量的无机盐，后续的处理工艺非常复杂并且效果不理想。可以选择传统水热法进行制备，使用这种方法反应体系会优先形成莫来石晶体结构。由于莫来石的稳定结构，莫来石晶体向沸石 CHA 晶体的转化过程进行十分缓慢。单纯依靠传统水热法制备沸石 CHA，无法在短时间内形成较高纯度的沸石 CHA，需要对制备的工艺进行优化，加速晶体结构形成的进程，使反应过程中不再生成莫来石等惰性成分，直接生成沸石 CHA 晶体。碱熔融-水热法可以有效地解决高岭土中惰性成分难以参加化学反应的问题，并且极大地缩短了沸石 CHA 的制备周期，制备的沸石 CHA 具有较高的结晶度，是一种更适合的技术路线。

碱熔融-水热法制备沸石 CHA 的方法的具体步骤为：将 KOH 片状物密封破碎成粉，取 10 g 粉状 KOH、5 g 高岭土、2.5 g 的 SiO₂ 混合均匀，将混合好的固体粉末在高温炉中在 650 ℃温度下煅烧 1 h。待煅烧产物冷却后将冷却物研磨，再将研磨后的固体与 100 mL 去离子水混合并充分搅拌。将搅拌均匀的混合物装入聚丙烯瓶并在 95 ℃的温度下保温 4 天。反应结束将瓶中混合物过滤并清洗两次，以确保残留的可溶性钾盐和 KOH 充分去除，最后样品在 95 ℃干燥后封存。其具体的工艺流程如图 6.2 所示。

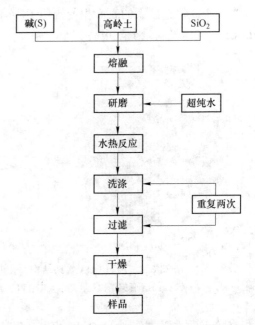

图 6.2　碱熔融-水热法制备沸石 CHA 的工艺流程图

为了更全面地分析以上述方法制备的高岭土基沸石 CHA 的气体吸附性能，通过转晶法以沸石 HY 为原料制备沸石 CHA，通过阳离子交换改性的方法获得不同来源沸石 CHA 的 NH₄CHA 和 ZnCHA。转晶法制备沸石 CHA 的过程为：将 25 g 的 HY 沸石加入 198.2 mL 的去离子水中并搅拌均匀，同时将 26.8 mL 物质的量浓度为 9.5 mol/L 的 KOH 溶液缓慢加入上述混合溶液中并不断搅拌。将配制好的溶液装入聚丙烯瓶中并在 95 ℃的温度下保温 15 天，最后将反应后的混合物过滤并清洗后取固体即为转晶法制备的 KCHA。

用于离子交换改性的沸石 CHA 的离子交换实验装置由磁力加热搅拌器、球形冷凝管和锥形瓶以及固定装置构成。进行阳离子交换实验时将沸石 CHA、水和磁力转子装入锥形瓶后置于磁力搅拌器中油浴加热并搅拌。本实验中用于离子交换的 ZnCl₂ 和 NH₄Cl 溶液都属于强酸弱碱盐，其水溶液的 pH 值小于 7 为酸性溶液。而沸石 CHA 是一种低硅铝比的铝硅酸盐，其结构在酸性的环境中会造成晶体结构的坍塌并分解。因此，对于沸石 CHA 的离子交换的反应温度不宜过高并且需要控制盐溶液的物质的量浓度来调节溶液的酸性强弱，以保证沸石 CHA 在反应过程中的结构稳定。沸石 CHA 的 Zn^{2+} 和 NH$_4^+$ 离子交换实验具体步骤为：分别称取 1.07 g 的 NH$_4$Cl 和 5.74 g 的 ZnCl$_2$ 加入 200 mL 的去离子水中，并形成物质的量浓度为 0.25 mol/L 的 NH$_4$Cl 溶液和 ZnCl$_2$ 溶液。将 2.5 g 制备的沸石 CHA 和上述配制好的溶液放置到锥形瓶中，利用磁力搅拌器在 70 ℃下持续搅拌 12 h 后，将液固混合物过滤。为了提高离子交换度，以上过程需要重复 2 次。最后，将过滤、清洗好的固体在 95 ℃干燥并保存。

6.1.2 样品的表征及结果分析

对样品进行了包括化学成分、晶体结构、XRD、官能团变化等进行了分析，同时测试了样品的吸附等温线、吸附循环以及动力学吸附。

图 6.3 为转晶法和碱熔融-水热法制备的沸石 CHA 经过离子交换改性后获得的 ZnCHA 和 NH$_4$CHA 的 XRD 扫描结果，结果显示各个经过离子交换改性后的沸石 CHA 样品保持了属于沸石 CHA 的 9.32°、12.75°、20.54°、28.04°和 30.48°等处的特征衍射峰，几乎没有其他杂峰，说明样品中杂晶含量少。实验结果与 PDF 标准卡片库的数据基本吻合，说明水热改性过程没有破坏沸石 CHA 的结构。

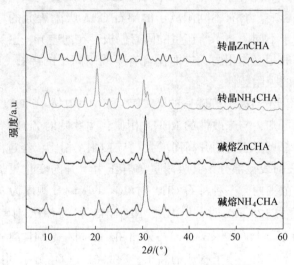

图 6.3 离子改性沸石 CHA 的 XRD 图谱

改性后的样品的化学成分见表 6.1，可以发现所有改性后样品都具有较高的离子交换度，证明了水热过程成功地将 Zn^{2+} 和 NH$_4^+$ 离子引入到沸石 CHA 的结构之中。

表 6.1 离子交换改性沸石 CHA 的元素组成

名　称	化　学　式	离子交换度/%
转晶 ZnCHA	$Zn_{3.7}K_{3.6}(Al_{11}SiO_{24.5}O_{71.5})$	67
转晶 NH_4CHA	$NH_{48.4}K_{2.6}(Al_{11}SiO_{24.5}O_{71.5})$	76
碱熔融 ZnCHA	$Ca_{3.8}K_{3.5}(Al_{11}SiO_{24.5}O_{71.5})$	70
碱熔融 NH_4CHA	$Na_9K_2(Al_{11}SiO_{24.5}O_{71.5})$	81

6.1.3 改性沸石 CHA 的气体吸附性能分析

在沸石 CHA 的骨架结构之中阳离子通常分布在四个位置上，而根据离子电子云半径、离子电荷数、离子元素序数、沸石硅铝比等因素的差异，每种阳离子在沸石 CHA 内部的分布规律也有所差异。如图 6.1（b）所示，在阳离子可能存在的四个分布位置中，K^+ 一般分布在位置 SⅢ 和 SⅢ' 位置，NH_4^+ 不太可能出现在 SI 位置上而是更多地出现在剩下的三个位置上，NH_4^+ 为多原子构成的离子，在极性表面受到多方向的作用力，构成自身四面体的各原子的分布位置也不尽相同。Zn^{2+} 则更偏好出现在 Al—Si—Al 位置上而非 Al—Si—$\cdots n \cdots$—Si—Al 位置上，即 Zn^{2+} 更多集中在两个相距很近的 Al 原子周围，并且多处在 SⅢ' 位置上。阳离子在沸石 CHA 内部分布位置的不同会对沸石 CHA 孔道的几何尺寸以及吸附表面的极性产生一定的影响。含有不同阳离子的沸石 CHA 吸附表面的均匀性也会有所差异。此外，由于不同阳离子所产生的固有偶极存在的差异，会影响到阳离子与吸附质分子之间的相互作用力，进而使含有不同阳离子的沸石 CHA 对同种气体分子表现出不同的吸附特性。

图 6.4 为 KCHA 与离子改性后的 ZnCHA 和 NH_4CHA 在 30 ℃对 CO_2 的吸附等温线。由图中可知，与未改性的 KCHA 相比，改性后的 ZnCHA 和 NH_4CHA 对 CO_2 的吸附量随着吸附压力的升高而增大。与 KCHA 相比，经过离子改性后的沸石 CHA 在低压段的线性部分，其吸附量随着压力上升的变化更加明显。并且几乎在全测试压力范围内，三种沸石 CHA 对 CO_2 的吸附量顺序为 $q_{ZnCHA} > q_{NH_4CHA} > q_{KCHA}$。吸附压力为 125 kPa 时，KCHA、$NH_4$CHA 和 ZnCHA 对 CO_2 的平衡吸附量分别达到 1.61 mmol/g、2.46 mmol/g 和 3.04 mmol/g。NH_4^+ 离子在空间中呈正四面体分布，由于其是多原子构成的离子，因此在与 CO_2 分子间的色散力和诱导力的作用下会产生更大的形变，由此额外产生的瞬间偶极进一步强化了 NH_4^+ 与 CO_2 分子之间的相互作用力，最终使 NH_4CHA 对 CO_2 的吸附量大于 KCHA。而 ZnCHA 相较于 KCHA 具有更大的 CO_2 吸附量是因为 Zn^{2+} 离子特殊的分布规律以及 Zn^{2+} 所具有的更大的相对分子量所产生的更强的诱导力。

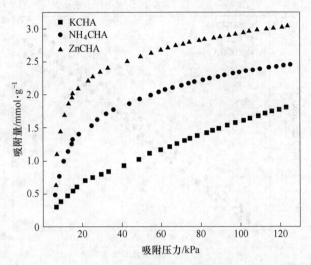

图 6.4 KCHA、NH_4CHA 和 ZnCHA 在 30 ℃对 CO_2 的吸附等温线

KCHA、NH_4CHA 和 ZnCHA 在 30 ℃对 N_2 的吸附等温线如图 6.5 所示。从图中可以看出，与沸石 CHA 对 CO_2 所表现出的吸附特性不同，经过不同阳离子交换改性后的沸石 CHA 对 N_2 在不同吸附压力下的吸附量没有明显差别。三种沸石 CHA 对 N_2 的吸附量都随着压力的上升而线性地增大，其中在低压区三种沸石 CHA 对 N_2 的吸附量十分接近，而吸附压力相对较高的区域三种沸石 CHA 对 N_2 的吸附量顺序为 $q_{KCHA} > q_{NH_4CHA} > q_{ZnCHA}$。当吸附压力为 125 kPa 时，$NH_4$CHA、KCHA 和 ZnCHA 对 N_2 的平衡吸附量分别为 0.36 mmol/g、0.40 mmol/g 和 0.33 mmol/g。N_2 分子的结构为双原子对称排布的非极性分子，其结构使 N_2 分子在沸石 CHA 吸附表面受阳离子固有偶极产生的电场而产生的形变和瞬时偶极较小，造成了阳离子和 N_2 分子之间的作用力相对较弱且差异较小，因此含有不同阳离子的沸石 CHA 所表现出的 N_2 吸附性能相似，并且其吸附量明显小于 CO_2 的吸附量。

在沸石 CHA 的骨架之外分布的不同类型阳离子，由于其离子核外电子分布、原子量和在孔道周围的分布位置等特性有所差异，并且不同种类的阳离子的几何尺寸和分布规律的不同，会影响沸石 CHA 对 CO_2 和 N_2 的吸附量。因此，可以利用 CO_2 和 N_2 的吸附等温线计算分析 Zn^{2+} 和 NH_4^+ 离子改性对沸石 CHA 的 CO_2/N_2 吸附选择性能的影响。

图 6.6 为在 30 ℃的测试温度下 KCHA、NH_4CHA 和 ZnCHA 的 CO_2/N_2 吸附量比值。由图中可以看出，经过离子改性后，沸石 CHA 的 CO_2/N_2 吸附量比值同样随着吸附压力的升高而逐渐减小，在全测试压力范围内的 CO_2/N_2 吸附量比值数值的顺序与其 CO_2 的吸附量顺序相同，在 100 kPa 的测试压力时，KCHA、

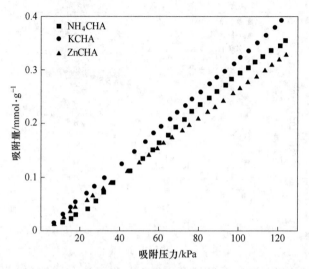

图 6.5   KCHA、NH_4CHA 和 ZnCHA 在 30 ℃对 N_2 的吸附等温线

NH_4CHA 和 ZnCHA 的 CO_2/N_2 吸附量比值分别为 5.3、7.2 和 11.1。这是因为在该温度下，KCHA、NH_4CHA 和 ZnCHA 对 N_2 的吸附量十分接近，而三种沸石 CHA 在全测试压力范围内对 CO_2 的吸附量有较大的差异，因此 CO_2 的吸附量对于提高沸石 CHA 的 CO_2/N_2 分离性能有较大影响。

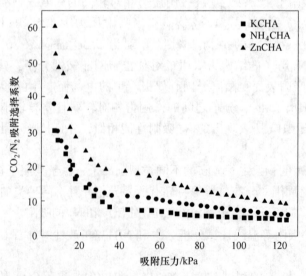

图 6.6   KCHA、NH_4CHA 和 ZnCHA 的 CO_2/N_2 吸附量比值

为更深入研究骨架外阳离子的改变对 CO_2 和 N_2 吸附选择性的影响，在 60 ℃的测试温度下对 CO_2/N_2 混合气体对以 KCHA、NH_4CHA 和 ZnCHA 为吸附剂的吸

附柱的穿透曲线进行测试，测试结果如图 6.7 所示。通过对三种样品穿透曲线的计算得出 KCHA、NH_4CHA 和 ZnCHA 对 CO_2/N_2 混合气体中 CO_2 的吸附量分别为 1.68 mmol/g、2.41 mmol/g 和 2.96 mmol/g，与单组分气体氛围条件下的测试结果相接近，说明三种阳离子类型的沸石 CHA 内部被吸附的全部为 CO_2 分子，并且优先吸附 CO_2。ZnCHA 则具备更高的 CO_2 吸附量，也说明 ZnCHA 比 NH_4CHA 更适合作为分离 CO_2 和 N_2 混合气体的吸附剂。

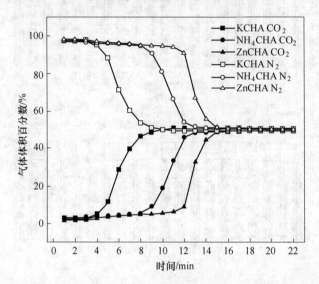

图 6.7 CO_2/N_2 在 60 ℃ 对 KCHA、NH_4CHA 和 ZnCHA 的穿透曲线

高岭土基 KCHA、NH_4CHA 和 ZnCHA 对于 CO_2 和 N_2 的吸附过程属于物理吸附过程。物理吸附过程中，因为气体分子和固体之间不发生化学反应，所以吸附剂对吸附质微观粒子之间的结合力较弱，吸附和脱附的速率也相对较快，被吸附的分子也容易脱附出来。因此，沸石 CHA 对 CO_2 和 N_2 的吸附是一个可逆的过程，这也使制备的沸石 CHA 存在循环多次使用的潜力。因此，对高岭土基沸石 CHA 的再生循环性进行测试，以评价吸附剂在多次使用过程后的气体吸附性能。

为测试高岭土基碱熔融-水热法制备的沸石 CHA 的循环再生能力，通过对每组样品进行 20 次变压吸附循环的方式，分别评价各沸石 CHA 样品的循环使用性能。图 6.8 为在 60 ℃ 温度下高岭土基 KCHA、NH_4CHA 和 ZnCHA 的循环变压吸附测试结果。测试压力为 5～125 kPa，每个循环结束后待测样品都再次经过 1 h 的 300 ℃ 真空脱附。为更直观地比较各吸附循环过程的吸附量，分别在低、中、高吸附压力段选取 32 kPa、63 kPa 和 100 kPa 三个压力测试点进行比较。由图 6.8 可见，在分别经过 20 个吸附循环后，三种样品在上述吸附压力下对 CO_2 的吸附量没有明显的衰减，说明其在多次使用后保持了稳定的对 CO_2 的吸附能力。

前文热力学分析其吸附过程属于物理吸附，与本章样品的循环再生性测试结果相一致，证明采用碱熔融-水热法制备的沸石 CHA 易于再生，适合循环使用。

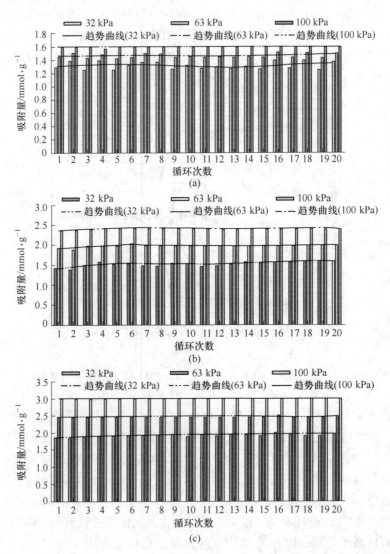

图 6.8   ZnCHA、NH₄CHA 和 KCHA 的循环吸附测试

(a) KCHA；(b) NH₄CHA；(c) ZnCHA

6.1.4 改性沸石 CHA 的气体吸附动力学和热力学分析

Zn²⁺的原子序数要大于 K⁺，半径更大的核外电子分布受到气体分子的影响所产生的形变也相对更明显，由此产生的阳离子和吸附质分子之间的分子间作用

力也较改性前有所增强。而 NH_4^+ 为多原子构成的官能团，在空间受到多个方向的作用力可以产生更明显的形变，因此其和气体分子之间的诱导力相对更强。经过改性后的沸石 CHA 对于 CO_2 分子约束力的增强，同样对 CO_2 被吸附过程中的动力学特性产生影响。

高岭土基 $KCHA$、NH_4CHA 和 $ZnCHA$ 对于 CO_2 和 N_2 的吸附过程属于物理吸附过程。物理吸附过程中，因为气体分子和固体之间不发生化学反应，所以吸附剂对吸附质微观粒子之间的结合力较弱，吸附和脱附的速率也相对较快，被吸附的分子也容易脱附出来。因此，沸石 CHA 对 CO_2 和 N_2 的吸附是一个可逆的过程，这也使该案例制备的沸石 CHA 存在循环多次使用的潜力。因此，对高岭土基沸石 CHA 的再生循环性进行测试，以评价吸附剂在多次使用过程后的气体吸附性能。

拟一级速率模型又称线性推动力模型，最早由 Gluechauf 等在膜扩散理论的基础上，针对单个晶粒的吸附行为提出，认为吸附剂对吸附质的吸附速率与吸附质的平衡吸附量及某一时刻吸附量之间的差值成一次方的正比例关系，表示为式 (6.1)：

$$\frac{\partial q_t}{\partial t} = k_1 (q_e - q_t) \tag{6.1}$$

式中，k_1 为拟一级吸附速率方程常数，min^{-1}，其数值大小和吸附温度有关；q_e 为吸附质在吸附剂表面吸附平衡时的吸附量，$mmol/g$；q_t 为某一时刻 t 时吸附质的吸附量，$mmol/g$。

在固定的吸附温度及压力条件下，吸附质在吸附剂表面的吸附量是恒定的，即式中的平衡吸附量 q_e 为定值，如果令初始条件设置为 $t=0$ 且 $q_0=0$，对上述微分方程积分后可得其线性形式如式 (6.2)：

$$\ln \left(\frac{q_e - q_t}{q_e} \right) = -k_1 t \tag{6.2}$$

拟二级速率模型模拟了二级反应的情况，认为反应速率正比于两种反应物体积分数的乘积，表示为式 (6.3)：

$$\frac{\partial q_t}{\partial t} = k_2 (q_e - q_t)^2 \tag{6.3}$$

同样将初始条件设定为 $t=0$，$q_0=0$，积分得到其线性形式为式 (6.4)：

$$\frac{1}{1 - \frac{q_t}{q_e}} = k_2 q_e t \tag{6.4}$$

式中，k_2 为拟二级吸附速率方程常数，min^{-1}，其数值的大小和吸附温度有关；q_e 为吸附质在吸附剂表面达到吸附平衡时的吸附量，$mmol/g$；q_t 为某一时刻 t 时吸附质的吸附量，$mmol/g$。

Avrami 分数阶动力学模型是根据粒子成核理论提出的半经验模型，被成功利用在描述 PE-MCM-41 和多壁碳纳米管等对 CO_2 的吸附过程，Avrami 分数阶动力学模型具体的表达式可表示为式 (6.5)：

$$q_t = q_e - \frac{1}{[(n-1)k_3t^m/m + 1/q_e^{n-1}]^{1/(n-1)}} \tag{6.5}$$

式中，k_3 为分数阶吸附速率方程常数，min^{-1}，其数值大小和吸附温度有关；q_e 为吸附质在吸附剂表面吸附平衡时的吸附量，$mmol/g$；q_t 为某时刻 t 时的吸附量，$mmol/g$；m 和 n 是分数阶动力学模型常数。

通过常用的线性拟一级速率方程式 (6.1)、拟二级速率方程式 (6.3) 和 Avrami 分数阶动力学方程式 (6.5) 三种分析模型进一步对不同阳离子的高岭土基沸石 CHA 进行吸附动力学分析，得到的动力学吸附曲线的拟合结果如图 6.9、图 6.10、图 6.11 所示，不同阳离子沸石 CHA 吸附 CO_2 动力学参数见表 6.2。为直观显示拟合效果，根据式 (6.2) 和式 (6.4)，图 6.9 和图 6.10 分别选取 $\ln[(q_e - q_t)/q_e]$ 和 $1/(1 - q_t/q_e)$ 作为纵坐标，时间作为横坐标。

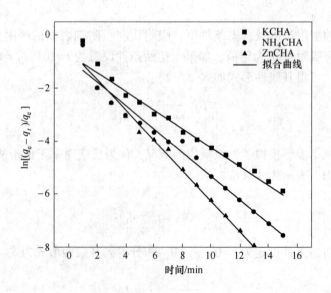

图 6.9　KCHA、ZnCHA 和 NH_4CHA 拟一级速率方程拟合结果

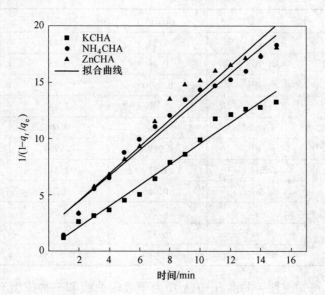

图 6.10　KCHA、ZnCHA 和 NH₄CHA 拟二级速率方程拟合结果

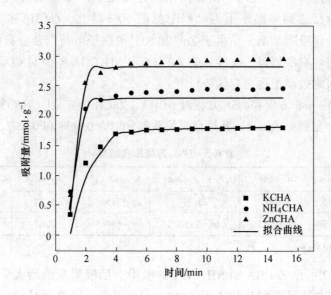

图 6.11　KCHA、ZnCHA 和 NH₄CHA 分数阶方程拟合结果

表 6.2　不同阳离子沸石 CHA 吸附 CO_2 动力学参数

模型	参数	KCHA	NH_4CHA	ZnCHA
拟一级动力模型	$q_e/mmol \cdot g^{-1}$	1.84	1.40	1.05
	k_1/min^{-1}	0.48	0.25	0.19
	R^2	0.9970	0.9998	0.9999
拟二级速率方程	$q_e/mmol \cdot g^{-1}$	1.98	1.43	0.96
	k_2/min^{-1}	0.66	0.60	0.94
	R^2	0.9998	0.9998	0.9996
分数阶速率模型	$q_e/mmol \cdot g^{-1}$	1.91	1.31	0.94
	k_3/min^{-1}	0.06	0.20	0.17
	m	8.06	1.59	1.21
	n	6.32	0.89	0.74
	R^2	0.9989	0.9988	0.9986

　　由表 6.2 可知改性后的沸石 CHA 动力学吸附曲线和三种模型有较高的拟合度。改性沸石 CHA 对 CO_2 的吸附可以大致分为吸附量迅速增大和缓慢平衡两个阶段。通过拟合结果可计算出，相比改性前的 KCHA，改性后的 ZnCHA 和 NH_4CHA 在吸附 CO_2 时达到平衡吸附量的速度更快。当吸附时间为 3 min 时，CO_2 的吸附量已达到该温度下饱和吸附量的 90% 以上。ZnCHA 和 NH_4CHA 比 KCHA 更快达到吸附平衡，是由于 Zn^{2+} 和 NH_4^+ 的离子电荷以及分布位置的不同，吸附表面的极性有所增强。改性后的 ZnCHA 和 NH_4CHA 不但对 CO_2 的吸附量更大，并且在吸附效率上也更有优势。

　　通过 Clapeyron 方程和 DSL 方程对 KCHA、ZnCHA 和 NH_4CHA 吸附热进行拟合计算，拟合参数见表 6.3，其拟合相关系数分别为 0.998 和 0.997。

表 6.3　DSL 方程拟合结果

吸附剂	$M/mmol \cdot g^{-1}$	b_0/atm^{-1}	$Q_B/J \cdot (g \cdot mol)^{-1}$	$N/mmol \cdot g^{-1}$	d_0/atm^{-1}	$Q_D/J \cdot (g \cdot mol)^{-1}$
ZnCHA	1.75	0.05	15.91	17855	9.34	16.54
NH_4CHA	1.75	5.37×10^{-2}	16.33×10^{-3}	650	2.67	6.74

注：1atm＝101325Pa。

　　由图 6.12 可见 ZnCHA 和 NH_4CHA 的吸附热随吸附量的增大呈曲线下降趋势，其在该条件下的吸附热均小于 40 kJ/mol，说明三种沸石对 CO_2 的吸附热属于物理吸附。并且三种沸石在全范围内的吸附热顺序为 $q_{ZnCHA} > q_{NH_4CHA} > q_{KCHA}$，这一顺序和三种材料在该温度下对 CO_2 的吸附量顺序相一致，这是因为沸石 CHA 在吸附 CO_2 时释放出更大的活化能，使沸石表面和气体分子之间结合更紧密，进而形成更大的 CO_2 吸附量。

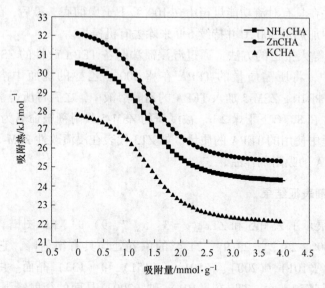

图 6.12　ZnCHA、NH₄CHA 和 KCHA 的吸附热拟合曲线

6.2　氨基功能化改性的 ZSM-5 对 CO₂ 吸附性能的影响

具有晶体骨架结构的天然沸石和人工制备沸石已经在气体分离和纯化领域中被广泛研究。而在吸附分离 CO_2 方面，斜发沸石、丝光沸石、4A、13X 和 ZSM-5 等沸石是研究热点。然而，由于物理吸附过程的特性，沸石仅在低温下的 CO_2 吸附性能是优异的，并且吸附量随着 CO_2 气体分压的降低而降低。为了补偿这种缺陷和扩大吸附剂应用的温度范围，可以通过将有机胺材料添加到多孔材料的孔中的方法进行氨基功能化改性，来提高其在工业烟气温度下 CO_2 吸附能力和选择吸附性。本节通过浸渍法使用四乙烯五胺（TEPA）对 ZSM-5 进行氨基功能化改性，测试一系列不同氨基担载量吸附剂的 CO_2 吸附性能。

6.2.1　样品的制备

根据 Mortola 等人报道的方法，通过有机模板水热法制备 ZSM-5 沸石。通常，在环境温度下将 TEOS、NaCl 和 TPAOH（水溶液）混合均匀，然后加入粉末状的异丙醇铝。此时，获得了初始混合物，其中成分 Si∶TPAOH∶Al∶H₂O∶Na 的物质的量之比为 25∶9∶1∶300∶1，以此来控制试剂的用量。持续搅拌 12 h 后，使用类似于 Song 等人的方法，将其加热至 80 ℃ 并在该温度维持一段时间直到完全除去过程中生成的醇。然后将所得溶液转移到 PTFE 内衬的不锈钢高压反应釜中，在自生压力和静态条件下加热至 165 ℃ 持续 25 h。将产物离心，再用蒸馏水洗涤，并在具有对流功能烘箱中在 100 ℃ 下干燥彻底。最后，在高温加热炉内空气气流中加热至 500 ℃ 并持续 6 h 来除去有机模板。

根据 Xu 等人报道的方法，通过湿浸渍法制备 TEPA 改性的 ZSM-5。在典型的改性步骤中，将所需质量的 TEPA 在盛 100 g 乙醇的烧瓶中溶解，再搅拌 30 min。然后将 10 g ZSM-5 加入 TEPA 的乙醇溶液中，之后将所得溶液连续搅拌约 60 min，并在 80 ℃ 下干燥 2 h。被浸渍的 ZSM-5 吸附剂被命名为 ZTx，其中 x 代表浸渍过程中使用的 TEPA 的质量。如 ZT3 代表在浸渍改性 ZSM-5 过程中使用了 3 g 的 TEPA 的吸附剂样品。

6.2.2 吸附剂表征结果

图 6.13 展示了 ZSM-5 和 ZTx（$x = 3$、5、7、9）的 XRD 图谱。所有样品在 $2\theta = 7.9°$、8.9°、23.2°、23.9°、24.4° 的位置处均具有衍射峰，它们分别对应 MFI 型沸石的（101）、（200）、（501）、（151）和（133）晶面。由于胺物质进入了 ZSM-5 孔道和表面，ZTx 在（101）和（200）晶面的衍射峰强度明显降低，但它们的晶体骨架结构仍然是完整的。

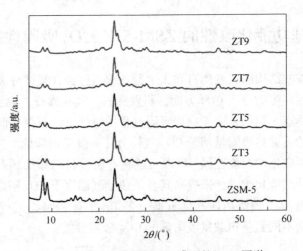

图 6.13　ZSM-5 沸石和 ZTx 沸石的 XRD 图谱

图 6.14 展示了 ZSM-5 和 ZTx 样品的 FTIR 光谱图。观察到所有样品在 3436 cm^{-1} 和 1628 cm^{-1} 处都存在吸收峰，这代表着氢键和 H—O—H 的弯曲拉伸振动，并且与材料测试时存在吸附的水分有关。在 1089 cm^{-1} 和 800 cm^{-1} 处存在的强吸收峰归因于 ZSM-5 沸石骨架中的 Si—O 不对称的伸缩振动。在被 TEPA 氨基功能化改性后，ZTx 在几个独特的位置出现了明显可见的吸收峰。在 2946 cm^{-1} 和 2840 cm^{-1} 处出现了与 C—H 的不对称和对称拉伸振动有关的吸收峰，而在

1579 cm⁻¹和1478 cm⁻¹的吸收峰可归因于 TEPA 的伯胺基团（RNH₂）中的 N—H 振动。

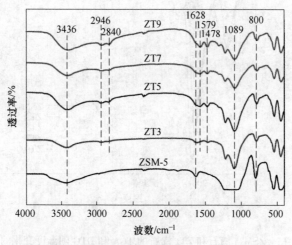

图 6.14　ZSM-5 沸石和 ZTx 沸石的 FTIR 光谱图

图 6.15 展示了样品的 TGA 和 DTG 曲线。显然，在 35~900 ℃之间纯 ZSM-5 的质量损失仅为 0.6%，这主要归因于在 100 ℃之前的加热过程中材料吸附水的蒸发，同时也证明该材料具有优异的热稳定性。对于 TEPA 改性的 ZTx，不同胺担载量的样品的质量损失量在比例上是不同的，并且所有样品的热重特性在曲线中表现出两个主要的质量损失过程。除了在低于 100 ℃时的第一个质量损失较少的水分蒸发过程之外，第二个质量损失过程出现在 100~500 ℃的范围，并在 200 ℃左右显示出质量急速损失的失重峰，这归因于 TEPA 胺的降解。此外，这也证明了 TEPA 的物理和化学结构在 100 ℃或更低温度下没有被破坏，同时说明 ZTx 吸附剂的吸附和再生过程可以在 100 ℃下进行。

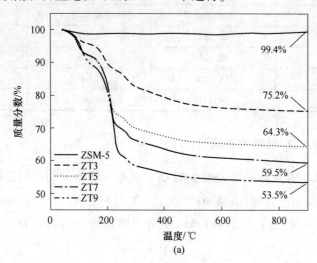

(a)

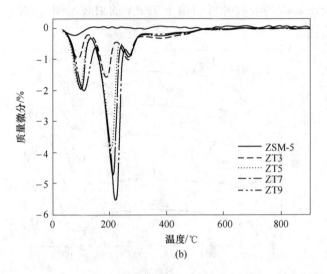

(b)

图 6.15 ZSM-5 沸石和 ZT*x* 沸石的 TGA 和 DTG 随温度变化的情况

（a）ZSM-5 沸石和 ZT*x* 沸石的 TGA 变化情况；（b）ZSM-5 沸石和 ZT*x* 沸石的 DTG 变化情况

样品的比表面积和孔结构等主要织构性质被总结在表 6.4 中。ZSM-5 具有相对高的比表面积、总孔体积和 BJH 平均孔径尺寸，分别为 399.660 m²/g、0.442 m³/g 和 9 nm。大于 2 nm 的平均孔径尺寸证明其存在介孔结构。在胺改性后，上述织构参数分别显著降低至约 20 m²/g、0.05 m³/g 和 6 nm。证明了由于 TEPA 的存在，氨基改性引入的胺物质明显导致 ZSM-5 介孔孔道阻塞或结构扭曲。

表 6.4 ZSM-5 和 ZT*x* 的织构性质

样 品	比表面积/m² · g⁻¹	总孔体积/cm³ · g⁻¹	BJH 平均孔径/nm
ZSM-5	398.660	0.442	9.145
ZT3	27.332	0.058	6.247
ZT5	19.171	0.056	5.916
ZT7	19.045	0.049	5.590
ZT9	14.891	0.040	5.576

6.2.3 氨基对 CO₂ 吸附的影响

图 6.16 展示了氨基改性 ZSM-5 的 CO₂ 吸附量随不同的吸附温度和 TEPA 担载量的变化，以 10 ℃ 的间隔从 40 ℃ 到 100 ℃ 进行分析。显然，纯 ZSM-5 的 CO₂ 吸附量随着吸附温度的升高而降低。随着吸附温度的升高，TEPA 担载量小的

ZT3 先增加然后降低，而 TEPA 担载量大的 ZT5、ZT7 和 ZT9 则一直增加。ZSM-5 吸附 CO$_2$ 是物理吸附过程和放热反应，因此相应的吸附容量随温度升高呈下降趋势。与此相反，氨基改性的吸附剂表现出相反的趋势，因为其表面存在大量氨基和多孔通道，产生了有助于物理吸附的毛细管冷凝效应，提供了能够与 CO$_2$ 发生化学反应的各种活性位点。ZT3 趋势的变化显然是由于上述两种相互作用，导致氨基的吸附作用不足以补偿高温下物理吸附反应的减少。ZT9 显示出极高的胺负载量，使其孔堵塞并且进一步降低了孔径，导致与 ZT7 相比吸附容量降低。ZT7 作为该组实验中吸附性能最佳的吸附剂，其 CO$_2$ 吸附量在 100 ℃ 时为 1.80 mmol/g，因此以下实验主要基于 ZT7。

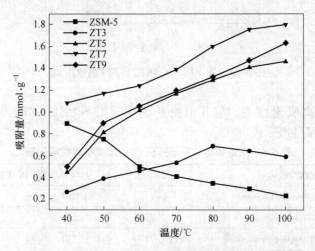

图 6.16   在不同温度下 ZSM-5 和 ZTx 的吸附量

图 6.17 展示了 ZT7 在两种 CO$_2$ 浓度的气流中吸附量的比较，并且说明了吸附剂对 CO$_2$/N$_2$ 的吸附选择性。吸附选择性实验在纯 CO$_2$ 气体和 10% CO$_2$ 与 N$_2$ 的混合气体这两种条件下进行。ZT7 在 10% 和 40~100 ℃ 的温度下具有较高的吸附选择性，达到了相对于纯 CO$_2$ 条件下的 82%~88% 的吸附量，在 100 ℃ 时最大吸附量为 1.49 mmol/g。此外，由于 ZT7 的选择性在低浓度 CO$_2$ 下较高，因此仍然遵循吸附容量随温度的变化规律。在 40 ℃ 时，虽然在低浓度 CO$_2$ 下吸附容量非常低，仅为 0.95 mmol/g，但仍然高于 ZSM-5 在纯 CO$_2$ 条件下的吸附量，即 0.89 mmol/g。

前人研究的在类似条件下用于捕获 CO$_2$ 的氨基改性吸附剂和本书工作被列于表 6.5 中。使用 ZSM-5 作为载体材料的优点在于它是一种广泛用于吸附和催化领域的廉价材料，并且它不需要昂贵和复杂的制备方法。与其他有机物相比，TEPA 的黏度较低，氨基的比例较高。因此它有更多可以与 CO$_2$ 接触的吸附位

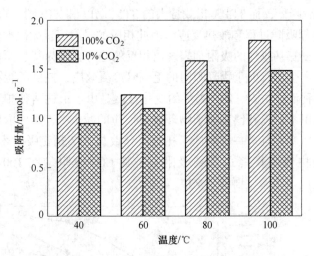

图 6.17 在不同 CO_2 浓度下 ZT7 的吸附量

点，有利于提高吸附性能。与其他氨基改性吸附剂相比，ZT7 在温度更高的 100 ℃下具有最佳吸附性能。

表 6.5 文献和本书用于捕获 CO_2 的氨基改性吸附剂

氨基改性吸附剂	温度/℃	CO_2 分压/kPa	吸附量/mmol·g⁻¹
MCM-41-Polyethylenimine	75	101	3.02
MCM-41-Polyethylenimine	75	2.02	1.53
SBA-15-Tetraethylenepentamine	75	101	3.70
LTA-(3-aminopropyl) trimethoxysilane	60	101	2.3
LTA-(3-aminopropyl) trimethoxysilane	60	15.15	2.1
SBA-15-Diethanolamine	75	10.1	3.48
Meso-13X-Polyethylenimine	100	101	1.81
ZSM-5-Polyethylenimine	40	101	2.64
MC400-Polyethylenimine	75	10.1	4.45
ZSM-5-Tetraethylenepentamine	100	101	1.80
ZSM-5-Tetraethylenepentamine	100	10.1	1.49

6.2.4 吸附剂的再生性能

最后，图 6.18 展示了 ZT7 在循环吸附-脱附实验中的质量变化，图 6.19 展示了吸附-脱附循环次数对 ZT7 吸附量的影响。

进行了 5 个循环的重复吸脱附实验以验证吸附剂的再生性能和循环吸附性能，且吸附和脱附过程分别在纯 CO_2 和纯 Ar 气体中以及 100 ℃下进行。在再生

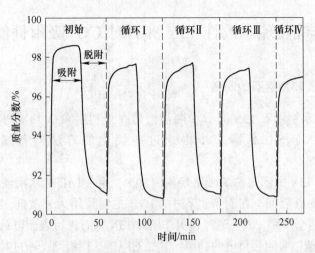

图 6.18 ZT7 在循环吸附-脱附实验中时间与质量变化的关系

条件下，反应沿着碳酸根离子形成的方向上进行。与第一次脱附相比，样品的最后脱附重量减少了 0.2%，表明由于在脱附过程中 TEPA 分子的损失，导致了活性位点的损失，吸附物不能完全再生。TEPA 分子的损失可归因于在 100 ℃ 下胺的部分蒸发。此外，并非所有已经被吸附的 CO$_2$ 都在多次脱附过程中被释放。上述原因导致了与完全饱和吸附过程相比，再生吸附过程的吸附量降低。然而，在经历 5 个循环后，吸附量仍可保持在 1.53 mmol/g 的高水平（初始吸附量为 1.79 mmol/g）。关于吸附剂循环稳定性的类似讨论可以在掺入聚乙烯亚胺的沸石和氨基功能化的介孔 SiO$_2$ 材料的报道中找到。ZT7 具有出色的再生能力，因此适用于多次循环使用，这表明它具有从工业烟气中吸附分离 CO$_2$ 的巨大潜力。

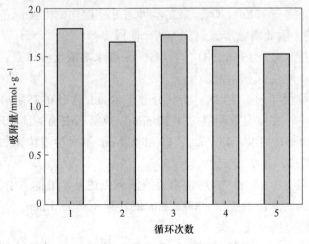

图 6.19 循环次数对 ZT7 吸附量的影响

6.3 硅烷化疏水改性 13X 沸石对 CO_2 吸附性能的影响

6.3.1 硅烷化 13X 沸石的制备

在制备疏水型沸石 13X 时分为两步，第一步利用沸石 13X 通过模板法制备核壳沸石 $13X @ SiO_2$，第二步再通过硅烷化的方法制备疏水核壳沸石 $13X@ SiO_2\text{-}OTS$。

先将沸石 13X 加到聚乙烯吡咯烷酮（PVP）和 CTAB 的水溶液中不断搅拌使 CTAB 吸附在沸石表面。在制备过程中，PVP 主要作用为分散剂，使反应成核均匀。CTAB 有两个作用，其一通过包覆作用对 13X 沸石进行表面电荷改性，使其由负变正，进而能够吸附带负电的硅源；其二 CTAB 是模板剂，通过其在水溶液中形成的有序胶束结构，诱导硅源在 13X 沸石表面有序生长，保证得到的 $13X@ SiO_2$ 具有均匀有序的结构。实验中利用 TEOS 为硅源，以氨水作为催化剂，利用其在乙醇溶液中水解生成 SiO_2，在 CTAB 的作用下逐渐缩聚生长在沸石 13X 表面。

硅烷化是指以有机硅烷水溶液为主要成分对金属或非金属材料进行表面处理的过程。对沸石进行硅烷化修饰的基本原理是利用硅烷化试剂与沸石表面的硅羟基反应形成硅氧化合键，从而将疏水性的硅烷化沸石修饰在沸石的表面，提高沸石的疏水性能。

在嫁接有机官能团之后，介孔材料的原始结构一般都能保留，不会发生明显变化。硅烷化作用可以产生活性表面基团，如烷基链、苯基等。这些钝性基团可以调节孔径大小、提高材料表面的憎水性。

具体制备疏水型沸石 13X 时，将实验分成两步：第一步利用沸石 13X 通过模板法制备核壳沸石 $13X@ SiO_2$，第二步再通过硅烷化的方法制备疏水核壳沸石 $13X@ SiO_2\text{-}TOS$，因此实验步骤也分为两个阶段。

首先是核壳型沸石 $13X@ SiO_2$ 的制备，采取水溶液反应体系，具体实验方案如下：

（1）准确称量 2 g 沸石 13X，将其分散于 80 mL 含有 0.75 g 的 CTAB 和 0.5 g PVP 的水溶液中，在室温下剧烈搅拌 30 min 完成沸石表面的预处理。

（2）将 520 mL 的水、450 mL 乙醇和 4.5 mL 氨水溶液快速加到上述悬浮液中，并持续搅拌 30 min。

（3）之后将 1.1 mL 的 TEOS 溶液逐滴滴到上述悬浮液体系中，搅拌 6 h。

（4）将得到的悬浮溶液在 5000 r/min 的转速下离心 5 min，弃去上清液，取沉淀用水和乙醇交替冲洗三次。

（5）将洗净的沉淀物在 300 ℃空气气氛中煅烧 6 h，去除有机模板 CTAB 及分散剂 PVP，所得样品标记为 13X@ SiO_2。

然后采用不同浓度的硅烷化试剂十八烷基三氯硅烷（OTS）对沸石表面进行硅烷化改性。具体步骤为将沸石 13X@ SiO_2 核壳微球置于管式炉中，在 300 ℃温度下空气环境中活化 6 h，目的是把核壳微球中之前的模板剂 CTAB 除去；将 0.2 g 13X@ SiO_2 样品分散在 50 mL 甲苯中，并向溶液中加入不同体积的 OTS，将制备好的样品放在水浴中 75 ℃下回流 6 h，最后的产物在甲苯和乙醇洗涤后，烘箱干燥得到。

6.3.2 硅烷化 13X 沸石的表征

图 6.20 对比了从原料 13X 沸石到最终制备产物疏水型 13X 沸石过程中三种关键物质的 XRD 分析图。从图中曲线（c）可以看出，13X 沸石在角度 5°~40° 范围内存在四个衍射峰（6.22°、23.5°、26.84°和 31.14°），这些特征峰是沸石 13X 内部物质的表现。对比曲线（a）和曲线（c）后发现，最终制备的疏水型 13X 沸石在 5°~40°范围内存在的四个衍射峰峰值严重下降，其中在 6.22°的峰值下降最显著。这是因为硅烷化改性影响了 13X 沸石的表面特性及孔道内壁结构，导致衍射峰明显下降。硅烷化在原有物质上嫁接有机官能团后，微孔材料的原始结构一般都能保留，不会发生明显变化。硅烷化作用可以产生活性表面基团，如烷基链、苯基等。这些钝性集团可以调节孔径大小、提高材料表面憎水性。因为硅烷试剂与 13X@ SiO_2 表面的羟基反应，其覆盖在孔道内壁，引起晶格参数的增多和孔道有序度下降导致衍射峰强度下降。

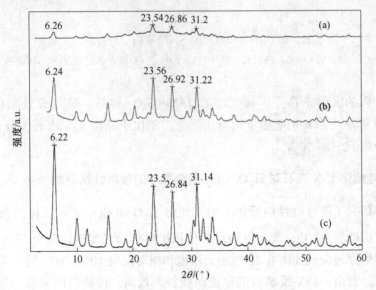

图 6.20 合成过程中不同物质的 XRD 图谱

（a）疏水型 13X@ SiO_2-OTS 沸石；（b）核壳微球 13X@ SiO_2；（c）原料 13X 沸石

6.3.3　硅烷化 13X 沸石的 CO_2 吸附性能测试

如图 6.21 所示，在 60 ℃的实验环境中 13X 沸石的饱和吸附量可达 3.63 mmol/g，可见其对 CO_2 的吸附能力很强。经 SiO_2 在其外表包裹后形成的核壳微球 13X@SiO_2，其饱和吸附量为 3.10 mmol/g，以 13X 沸石的饱和吸附量为基准，核壳微球 13X@SiO_2 的饱和吸附量下降 14.6%，其主要原因在于 13X 沸石外表面被一层致密的 SiO_2 薄膜所包裹，导致其孔道被部分堵塞，因此在一定程度上降低了吸附量。而经硅烷化得到的疏水型沸石 13X@SiO_2-OTS 的饱和吸附量为 2.73 mmol/g，疏水型沸石 13X 的值下降了 24.8%，下降幅度相对较大，说明在有 OTS 的硅烷化作用下，影响了沸石的吸附特性，致使其对 CO_2 的吸附性能下降较多。

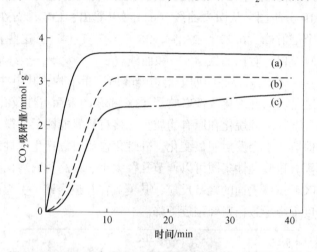

图 6.21　60 ℃下合成过程中不同物质的 CO_2 吸附性能分析

(a) 原料 13X 沸石；(b) 核壳微球 13X@SiO_2；(c) 疏水型 13X@SiO_2-OTS 沸石

在相同的吸附条件下，核壳沸石 13X@SiO_2 样品、硅烷改性后的 13X@SiO_2-OTS 样品对 CO_2 的吸附量均有所降低，相比于原料 13X 沸石，分别下降了 20%~25% 和 25%~30%。

6.3.4　硅烷化 13X 沸石对 H_2O/CO_2 混合气体的吸附性能测试

本节研究了疏水改性前后沸石对双组分 H_2O 和 CO_2 混合气体的吸附能力。实验设定温度为 50 ℃，载气与 CO_2 的体积比为 9∶1，湿度设定为 17% 左右。

测得的穿透曲线如图 6.22 所示。以饱和相对湿度 10%、90% 的点为穿透点。从图中可以看出，13X 型沸石的穿透曲线斜率最高，传质时间最短，为 1320 s；13X@SiO_2 的传质时间为 2000 s；13X@SiO_2-OTS 传质时间最长，为 4020 s。这是由于疏水修饰导致水蒸气在吸附柱中的传质速率下降导致的。

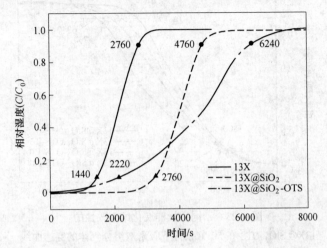

图 6.22 沸石 13X、13X@ SiO$_2$、13X@ SiO$_2$-OTS 在 50 ℃条件下吸附双组分气体时的穿透曲线

计算得到的 13X 型沸石在现有条件下对双组分气体中水的吸收量为 13.56 mmol/g，对 CO$_2$ 的吸附量为 3.49 mmol/g；13X@ SiO$_2$ 对水的吸附量为 12.05 mmol/g，对 CO$_2$ 的吸附量为 2.97 mmol/g；13X@ SiO$_2$-OTS 对水的吸附量为 7.85 mmol/g，对 CO$_2$ 的吸附量为 2.87 mmol/g。由此可见，经过硅烷化修饰，沸石对水的吸附量下降了 42%，而对 CO$_2$ 的吸附只下降了 18%。这充分说明经 OTS 硅烷化修饰之后，沸石可对潮湿烟气环境中的 CO$_2$ 进行良好的吸附。

考察了不同 OTS 用量对沸石吸附双组分气体性能的影响。所用的硅烷化试剂的体积分别是 0.25 mL、0.5 mL、1 mL 和 2 mL。从图 6.23 穿透曲线中可以观察到，随着硅烷化试剂用量增加，传质变慢，传质时间由 3060 s 逐渐增加到 4020 s。这说明，随着硅烷化试剂用量增加，沸石的疏水性质逐渐增强，与水分子的相互作用变弱，导致传质变慢。

与此同时，根据计算得到的 13X@ SiO$_2$-OTS-0.25 对双组分气体中水的吸收量为 9.46 mmol/g，对 CO$_2$ 的吸附量为 2.95 mmol/g；13X@ SiO$_2$-OTS-0.5 对水的吸附量为 8.75 mmol/g，对 CO$_2$ 的吸附量为 2.88 mmol/g；13X@ SiO$_2$-OTS-1 对水的吸附量为 7.99 mmol/g，对 CO$_2$ 的吸附量为 2.93 mmol/g；13X@ SiO$_2$-OTS-2 对水的吸附量为 7.85 mmol/g，对 CO$_2$ 的吸附量为 2.87 mmol/g。也就是说，逐渐增加硅烷化试剂用量，能够增强沸石材料的疏水性质，使其对水的吸附量逐渐减少。同时，增加硅烷化试剂用量，对沸石材料吸附 CO$_2$ 的影响很小。这充分说明硅烷化修饰是提高潮湿环境中 CO$_2$ 和水分离的有效手段。

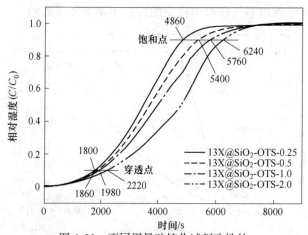

图 6.23 不同用量硅烷化试剂改性的

13X@ SiO$_2$-OTS 在 50 ℃条件下吸附双组分气体的穿透曲线

6.4 硅铝比对粉煤灰基沸石 CHA 气体吸附性能的影响

除了诸多改性方法可以有效改善沸石对气体的吸附性能，调节沸石原料的硅铝比能够对沸石内部结构作出调整，例如沸石 CHA，其制备原料的选择有许多种，包括前文使用的以 SiO$_2$ 和 Al$_2$O$_3$ 为主要成分的高岭土，以及固体废弃物粉煤灰都可以实现对沸石 CHA 的制备。沸石 CHA 的结构是由无数个硅氧或铝氧四面体首尾相连构成的，但是因为以两个铝原子为核心的四面体相连的结构极不稳定，因此在实际的沸石 CHA 中硅铝元素物质的量之比会大于 1，以满足硅铝两种四面体交替排列的基本条件。

本节通过调整加入的 SiO$_2$ 固体量可以改变沸石 CHA 中的硅铝比，通过 XRF、XRD 等检测手段探究不同硅铝比对沸石 CHA 样品性能的影响。

6.4.1 不同硅铝比条件下粉煤灰基沸石 CHA 的制备

经过之前对粉煤灰制备沸石 CHA 的几种原料研究发现，在沸石 CHA 硅铝比都为 2 的情况下，采用碱熔融-水热法对内蒙古鄂尔多斯市某燃煤电厂的废弃物粉煤灰原料进行制备的效果最好。经过 XRF 分析得到其化学组成见表 6.6。由表可知，粉煤灰的主要成分为 SiO$_2$ 和 Al$_2$O$_3$，经过换算，粉煤灰的硅铝比为 0.99，属于高铝粉煤灰，粉煤灰的化学组成成分为沸石 CHA 的制备提供了必要条件。因此，选择这种粉煤灰作为原料制备沸石，探究不同硅铝比对沸石 CHA 的结构、形貌以及吸附性能等多方面影响。

表 6.6　粉煤灰的化学组分

成分	SiO$_2$	Al$_2$O$_3$	Fe$_2$O$_3$	CaO	其他
质量分数/%	47.18	42.00	2.34	3.26	5.22

利用碱熔融-水热法制备粉煤灰基沸石 CHA：依次将粉煤灰、KOH固体和 SiO$_2$ 粉末放入陶瓷坩埚混合均匀，后放入到高温炉中进行高温煅烧，再将高温煅烧后的预混熟料经过恒温磁力搅拌器搅拌、静置陈化、洗涤、过滤、干燥等步骤最终得到沸石 CHA 样品。沸石 CHA 的制备方法流程图如图 6.24 所示。

按照沸石 CHA 的制备方法流程图，粉煤灰基沸石 CHA 制备实验步骤如下：

（1）用电子天平分别称取 5.0 g 粉煤灰原料和 12.5g KOH 固体，按照不同的硅铝比加入相应计算质量的 SiO$_2$ 固体粉末，将三者混合放入至陶瓷坩埚中加盖密封。

（2）在陶瓷坩埚中将上述三种原料充分搅拌使其混合均匀，再将陶瓷坩埚放入高温炉中在 923 K 的条件下恒温煅烧 1.5 h。

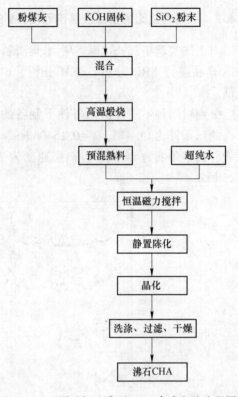

图 6.24　不同硅铝比沸石 CHA 合成方法流程图

（3）将煅烧后的样品取出，在室温的条件下使其完全冷却，再充分研磨、粉碎，使样品尺寸均一，便于制备。

（4）用电子天平称量煅烧产物的质量，按照固液比为 1:4 的条件加入超纯水混合在烧杯中密封。

（5）将混合后的产物置于恒温磁力加热搅拌器上，在室温的条件下搅拌 30 min 使其充分混成均匀和溶解，搅拌完成后取下烧杯，在室温的条件下静置陈化 60 min。

（6）将陈化后的溶液转移到高压反应釜中，再将高压反应釜放入干燥箱，在 368 K 的条件下晶化 4 天。

（7）将晶化产物用超纯水反复洗涤 3~5 次后，用抽滤机对其进行过滤，将得到的产物放入干燥箱，待充分干燥后取出并转移到样品袋中，最终得到粉煤灰基沸石 CHA 样品。

通过以上实验步骤进行多次重复实验分别制备了硅铝比为 2、3、4、5 的四种沸石 CHA 样品。

6.4.2　不同硅铝比的粉煤灰基沸石 CHA 的表征

对上述实验步骤通过碱熔融-水热法制备的硅铝比为 2、3、4、5 的四种沸石 CHA 样品进行 XRD 分析、SEM 分析、FTIR 分析以及综合热分析等方法进行表征。

分别对四种不同硅铝比条件下制备的粉煤灰基沸石 CHA 样品进行 XRD 分析，测试条件为 Cu_α 靶，$\lambda = 0.15406$ nm，管流为 20 mA，管压为 30 kV，0.6 mm 狭缝，扫描角度为 $5° \sim 60°$，扫描速度为 $2°/\text{min}$，从而得到 XRD 衍射图谱如图 6.25 所示。

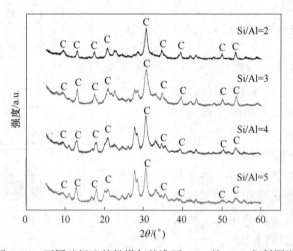

图 6.25　不同硅铝比的粉煤灰基沸石 CHA 的 XRD 衍射图谱

通过与 PDF 标准卡片对比发现，样品中的主要晶相为钾型沸石 CHA，其 9°、13°、18°、21°、28°、31° 以及 33° 等 7 处的特征衍射峰与标准卡片中完全吻合，所含杂峰较少，证明样品中杂晶含量较少，样品纯度较高。此外，在粉煤灰基沸石 CHA 的 XRD 衍射图谱中还可以看出粉煤灰原料中的莫来石和石英等玻璃相产生峰已经消失，证明莫来石和石英已经几乎完全参与了反应。

通过对比硅铝比为 2、3、4、5 的 XRD 图谱发现，当硅铝比为 2 和 3 时，各衍射峰与钾型菱沸石的衍射峰吻合程度较好，测得的结晶度分别为 68% 和 67%，说明制备的沸石 CHA 样品纯度较高；而硅铝比为 4 和 5 时测得的结晶度分别为 34% 和 32%，结晶度较低，说明制备的样品纯度较低。

　　为进一步检验不同硅铝比的沸石 CHA 的制备情况，分别对四种不同硅铝比条件下制备的粉煤灰基沸石 CHA 样品进行 SEM 分析，扫描电镜图如图 6.26 所示。

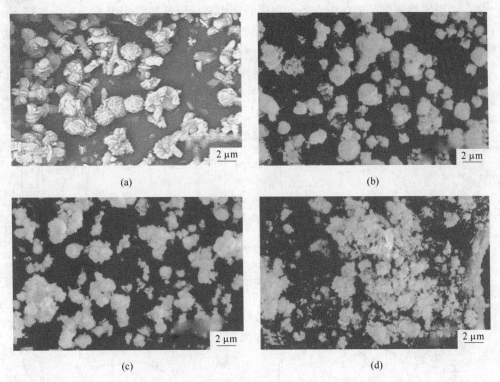

图 6.26　不同硅铝比的粉煤灰基沸石 CHA 的 SEM 图
(a) Si/Al=2；(b) Si/Al=3；(c) Si/Al=4；(d) Si/Al=5

　　通过对 SEM 图分析可以看出：当硅铝比为 2 和 3 时，样品中的颗粒尺寸较小且样品表面有脊状的凸起产生，样品颗粒呈较规则的球状，表面有明显的褶皱产生，没有二次成核现象，杂晶含量较少，生长情况良好。与粉煤灰原料进行对比，粉煤灰原料中玻璃体颗粒已经消失，沸石 CHA 样品为分布均匀、大小均一的颗粒状物质，且样品中晶体形貌相似，少有其他结构的颗粒存在，这说明其组成成分发生了变化，已经生成了新的晶体；此外，进一步证明了原料中的粉煤灰充分参与了反应，且样品的纯度较高。对于硅铝比为 4 和 5 的条件下制备的样品，可以看出其结块现象明显，杂晶含量较多且大量堆积成团，生长情况并不理想，不具备典型的菱沸石晶体形貌。

　　为确定不同硅铝比的沸石 CHA 所含有的元素种类，采用的红外光谱分析仪型号为 Cary660 FTIR，对四种不同硅铝比条件下的粉煤灰基沸石 CHA 样品进行扫描，通过观察得到的红外光谱中各吸收峰的强度和位置来判断沸石 CHA 中所含的内部结构和所含官能团的种类，从而判断制备沸石 CHA 样品的具体结构和类型。具体的实验步骤为：首先将制备的样品与 KBr 固体按照 1：200 的质量比进行混合，将得到的固体混合物在玛瑙研钵中充分研磨使其细度充分提高，接下来再将研磨好的固体混合物转移至光学模具中，用压片机在 25 MPa 压力下进行压片。把压好的待测样品放置在红外光谱仪中，调整扫描分辨率为 8 cm^{-1}、扫描范围为 400~4000 cm^{-1}、扫描次数为 32 次进行 FTIR 分析。采用四种不同硅铝比制备的粉煤灰基沸石 CHA 样品的 FTIR 图如图 6.27 所示。

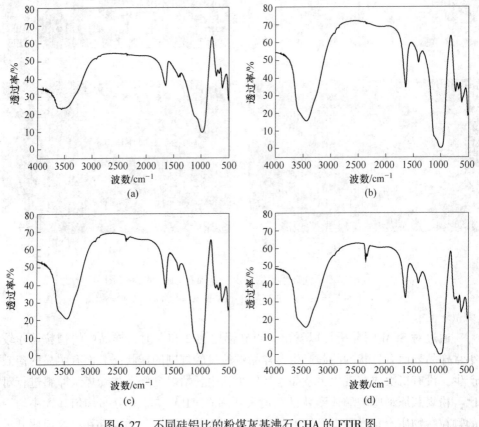

图 6.27　不同硅铝比的粉煤灰基沸石 CHA 的 FTIR 图

（a）Si/Al＝2；（b）Si/Al＝3；（c）Si/Al＝4；（d）Si/Al＝5

在得到的 FTIR 图中可以看出：波数为 3450 cm^{-1}、1640 cm^{-1}、1000 cm^{-1}、620 cm^{-1} 以及 510 cm^{-1} 等处存在明显的吸收峰。通过查阅对比得出：在波数为 1640 cm^{-1} 左右和 3450 cm^{-1} 左右的吸收峰主要由 H₂O 导致，分别是由于水分子的弯曲振动和结构 O—H 的伸缩振动导致成峰，这一结果充分反映了暴露在空气中的粉煤灰基沸石 CHA 样品含有水分；在波数为 1000 cm^{-1} 左右的吸收峰是由于 Si—O 四面体的对称伸缩振动导致的；在波数为 620 cm^{-1} 左右的吸收峰是由于 Si—O 四面体的反对称伸缩振动导致的；而波数为 510 cm^{-1} 左右的吸收峰主要是由于 Si—O—Si 的弯曲振动摇摆导致的。以上结果均表明所制备的粉煤灰基沸石 CHA 样品中已经形成了原料中不存在的 Si—O 四面体和 Si—O—Si 初级结构单元，从而组成了沸石 CHA 的基本骨架。通过以上三种表征方法的分析，利用碱熔融-水热法已经将粉煤灰原料成功制备出粉煤灰基沸石 CHA。

在探究样品的性能之前，还要通过失重分析测定样品对气体的吸附量。本实验采用德国耐驰仪器制造有限公司制造的型号为 STA 409PC 的热重分析仪来进行失重分析测试，在实验气氛为 N$_2$，流速为 20~30 mL/min，起始温度为 303 K，升温速度为 10 K/min，终止温度为 1173 K 的条件控制下进行实验，从而测定失重曲线。实验前需要在前面设定的条件下在热重分析仪上测一组基线，以用于修正后续的失重测试实验，使实验数据反映出来的结果更加准确，有更高的可信度。具体步骤为：连接仪器—通入 N$_2$ 控制流速—放入参比坩埚—设定升温及保护程序—开始运行。基线测定以后便可以开始对粉煤灰基沸石 CHA 样品进行测试，与设置基线不同的是，需要在测试坩埚中放入 5~10 mg 待测样品，并准确记录称量样品的质量用于后续计算和分析，其余步骤保持完全一致。采用硅铝比为 2 的粉煤灰基沸石 CHA 样品进行热稳定性分析，得到的 TG 曲线如图 6.28 所示。

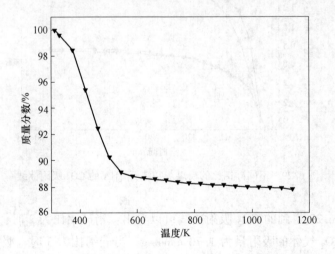

图 6.28　不同硅铝比的粉煤灰基沸石 CHA 的失重曲线

从粉煤灰基沸石 CHA 的失重曲线来看，在实验温度为 300~600 K 这一过程中，失重速率较快，失重量达到了总失重量的 92%，而在实验温度为 600~1173 K 这一过程中，失重速率显著降低，失重量仅占总失重量的 8%。可以看出，在温度达到 600 K 以前，样品的失重主要体现在暴露在空气中的样品吸附了部分水和气体，随着温度的升高，这部分吸附的水和气体逐渐脱附完成，在 600 K 以后重量基本不变，说明实验制备的粉煤灰基沸石 CHA 样品热稳定性良好，此时剩余的重量基本为纯沸石 CHA 的重量，不含吸附的水和其他气体，其失重率为 12%。

6.4.3 不同硅铝比的粉煤灰基沸石 CHA 的气体吸附性能研究

粉煤灰基沸石 CHA 的笼形结构和孔道体系使其具有一定的气体吸附性能，本实验主要进行了其对 CO_2 和 N_2 的吸附性能测试。首先利用热重分析仪对硅铝比为 2、3、4、5 的粉煤灰基沸石 CHA 样品分别进行了 CO_2 气体吸附性能测试，以 10 K/min 的升温速率从 303 K 升温到 573 K，使粉煤灰基沸石 CHA 样品充分活化，保持温度为 573 K 的条件下恒温吸附 1 h，测得样品对 CO_2 气体的吸附量，通过取点、分析、计算等步骤得到最终的吸附曲线，如图 6.29 所示。

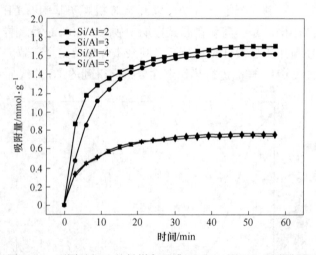

图 6.29   不同硅铝比的粉煤灰基沸石 CHA 的 CO_2 吸附曲线

通过图 6.29 得到的 CO_2 吸附曲线可以看出：当硅铝比为 2 时，粉煤灰基沸石 CHA 对 CO_2 气体的吸附量为 1.70 mmol/g，当硅铝比为 3 时，吸附量为 1.62 mmol/g，当硅铝比为 4 时，吸附量为 0.77 mmol/g，当硅铝比为 5 时，吸附量为 0.75 mmol/g。可以看出，当硅铝比为 2 时，制备的粉煤灰基沸石 CHA 对 CO_2 的吸附量最大，随着硅铝比的升高，样品对 CO_2 的吸附量有所减小，特别是当硅铝比达到 4 后，吸附量明显减小，仅为最优值的 45.29%。对于四种条件下制备的沸石 CHA 样品，不论是从前面 XRD、FTIR、SEM 的表征结果来看，还是从对

CO_2 气体的吸附量上来看，硅铝比为 2 的条件下沸石 CHA 均要优于其他条件下制备的样品。利用热重分析仪对硅铝比为 2 的粉煤灰基沸石 CHA 进行了 CO_2/N_2 的气体选择吸附性能测试，在 Ar 气氛下，分别测量粉煤灰基沸石 CHA 对 CO_2 和 N_2 的吸附量，以 10 K/min 的升温速率从 303 K 升温到 573 K，使粉煤灰基沸石 CHA 样品充分活化，保持温度为 573 K 的条件下恒温吸附 1 h，分别测得样品对 CO_2 和 N_2 气体的吸附量，通过取点、分析、计算等步骤得到最终的 CO_2 和 N_2 吸附曲线，如图 6.30 所示。

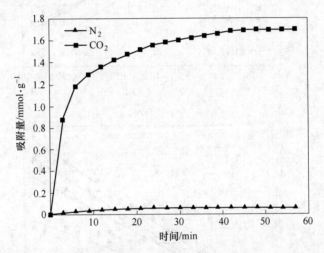

图 6.30　不同硅铝比的粉煤灰基沸石 CHA 的 CO_2/N_2 吸附曲线

通过对比粉煤灰基沸石 CHA 对 CO_2 和 N_2 的吸附曲线可以看出：粉煤灰基沸石 CHA 对 CO_2 的吸附量达到了 1.70 mmol/g，而对 N_2 的吸附量 0.06 mmol/g，对 CO_2 的吸附量远高于 N_2 的吸附量，充分证明了采用此方法合成的沸石 CHA 样品具有良好的 CO_2/N_2 气体选择吸附性能，便于推广到工业上进行对 CO_2 和 N_2 的吸附分离。

为进一步描述 CO_2 在沸石 CHA 上的吸附过程，采用研究吸附传质速率常用的拟一级速率方程（线性推动力方程）式（6.1）、拟二级速率方程式（6.2）对实验结果进行分析。将四个实验条件下得到的 CO_2 吸附数据用上述两种速率模型分别计算，分析结果如图 6.31 所示。为直观显示拟合效果，根据式（6.2）和式（6.4），图 6.31 分别选取 $\ln[(q_e - q_t)/q_e]$ 和 $q_e/(q_e - q_t)$，即 $1/(1 - q_t/q_e)$ 作为纵坐标，时间作为横坐标。可以看出，各温度下的实测数据基本呈线性分布，采用相同速率模型计算时，所得拟合直线斜率相差不大，说明在此温度范围内沸石 CHA 都可以实现对 CO_2 的有效吸附。采用两种速率模型计算得到不同温度下沸石 CHA 吸附 CO_2 的动力学参数见表 6.7。

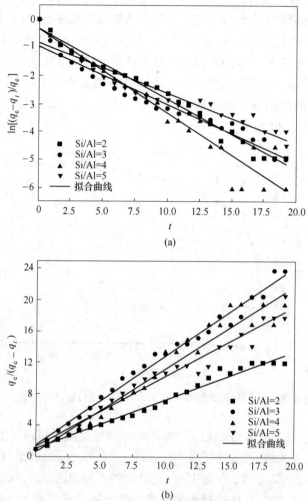

图 6.31 不同硅铝比沸石 CHA 吸附 CO_2 传质速率方程拟合结果

（a）拟一级模型；（b）拟二级模型

表 6.7 不同温度下沸石 CHA 吸附 CO_2 的动力学参数

Si/Al	$q_t = 60$ min /mmol $\cdot$ g^{-1}	拟一级速率方程			拟二级速率方程		
		q_e /mmol $\cdot$ g^{-1}	k_1/min^{-1}	R^2	q_e /mmol $\cdot$ g^{-1}	k_2/min^{-1}	R^2
2	1.70	1.66	0.25×10^{-2}	0.971	1.71	0.39	0.991
3	1.62	1.64	0.21×10^{-2}	0.945	1.64	0.67	0.985
4	0.77	0.80	0.29×10^{-2}	0.937	0.78	1.30	0.980
5	0.75	0.79	0.17×10^{-2}	0.920	0.76	1.13	0.978

6.5 小　结

本章介绍了阳离子交换、官能团改性、添加表面活性剂和改变硅铝比四种沸石改性和结构优化方法，随后通过高岭土基沸石 CHA 中引入不同阳离子、ZSM-5上担载 TEPA、烷基化修饰沸石 13X 以及制备不同硅铝比的粉煤灰基沸石 CHA 四个案例，讲述了沸石的改性和结构优化对 CO_2 吸附选择性、吸附量、吸附动力学和热力学的影响。

（1）通过离子交换改性获取的 NH_4CHA 和 ZnCHA 可以显著地提高高岭土基沸石 CHA 对于 CO_2 的吸附量，在 30 ℃和 125 kPa 的吸附条件下，其对 CO_2 和 N_2 的吸附量分别从碱熔融 KCHA 的 1.81 mmol/g 增大至 2.46 mmol/g 和 3.04 mmol/g。并且通过吸附动力学分析，经过阳离子改性后的碱熔融 ZnCHA 和 NH_4CHA 对 CO_2 的吸附速率得到提高，达到 90%饱和平衡吸附量，时间从原来碱熔融 KCHA 的 4 min 缩短至 3 min。证明了阳离子的改性不但提高了沸石对 CO_2 的吸附性能，而且有针对性地抑制了对 N_2 的吸附，成功地将其对 CO_2/N_2 吸附量比值相较传统沸石 CHA 提高了 5 倍以上，增强了在 CO_2/N_2 混合气体中分离 CO_2 的能力。

（2）通过浸渍法对具有介孔结构的 ZSM-5 进行 TEPA 氨基功能化改性，比较在工业烟气的高温条件下的 CO_2 吸附性能。在一系列温度下，不同 TEPA 担载量的 ZTx 的吸附实验表明，ZT7 是最佳的吸附剂，其最佳吸附温度为 100 ℃，CO_2 吸附量为 1.80 mmol/g。同时，定义了氨基效率来表示吸附剂中氨基被利用的程度，ZT7 在 80 ℃、90 ℃和 100 ℃下的氨基效率分别为 0.311、0.342 和 0.351。ZT7 在 10% CO_2 的条件和在 40~100 ℃的温度下具有较高的吸附选择性，达到了相对于纯 CO_2 条件下的 82%~88% 的吸附量，在 100 ℃时最大吸附量为 1.49 mmol/g。上述结论表明氨基功能化改性的 ZSM-5 具有作为高性能吸附剂的潜力，可连续有效地吸附分离工业烟气中的 CO_2，说明官能团改性可以有效提高 CO_2 的吸附选择性和吸附量。

（3）通过有机硅烷（OTS）对制备的核壳沸石 $13X@SiO_2$ 表面进行改性，减少了样品表面的硅羟基，增加了其疏水性，研究其对 CO_2 吸附性能的影响。在相同的吸附条件下，核壳沸石 $13X@SiO_2$ 样品、硅烷改性后的 $13X@SiO_2$-OTS 样品对 CO_2 吸附量均有所降低，相比于原料 13X 沸石，分别下降了 20%~25% 与 25%~30%。说明疏水改性后，沸石材料依然对 CO_2 有较强的吸附能力。硅烷化试剂用量对改性后沸石的疏水性有重要影响。随着硅烷化试剂用量的增加，材料疏水性强，制备的 $13X@SiO_2$-OTS 对水的吸附量逐渐减小。说明硅烷化修饰是提高沸石在潮湿环境中吸附 CO_2 的有效手段。

（4）通过硅铝比为 2、3、4、5 的四种沸石 CHA 吸附性能测试的对比实验，从吸附曲线可以看出，硅铝比为 2 时，吸附量达到了 1.70 mmol/g，硅铝比为 3、4、5 时，吸附量分别为 1.62 mmol/g、0.77 mmol/g、0.75 mmol/g。说明硅铝比为 2 的条件下制备的沸石 CHA 样品对 CO_2 的吸附性能最好，通过失重曲线和 CO_2/N_2 的选择吸附曲线的测定，得出其对 CO_2 的吸附量远大于对 N_2 的吸附量，说明其具有很好的 CO_2/N_2 的吸附选择性能，热稳定性较好。最优的硅铝比也有利于吸附性能和选择性的提高。

沸石作为 CO_2 吸附的常用材料，作为单一吸附剂的性能有限，无法应对各种情况下的 CO_2 吸附。为了提高吸附剂的应用能力，使之在各种各样复杂的气体环境中完成高效的吸附，有针对性地对沸石材料进行改性处理或结构优化是十分必要的。从本章几个具体案例可以看出，以目标为导向的优化处理，能够最大程度地发挥吸附剂的实际应用性。为吸附剂从实验室级别迈向工业化使用做出贡献，也是沸石吸附剂技术创新的一种途径。

参 考 文 献

[1] Li J, Corma A, Yu J. Synthesis of new zeolite structures [J]. Chemical Society Reviews, 2015, 44 (20): 7112-7127.

[2] Kowalak S, Jankowska A. Transformation of zeolite structures during synthesis of ultramarine analogues [J]. European Journal of Mineralogy, 2005, 17 (6): 861-867.

[3] Tsekov R, Smirniotis P G. Resonant diffusion of normal alkanes in zeolites: effect of the zeolite structure and alkane molecule vibrations [J]. The Journal of physical Chemistry B, 2015, 102 (47): 9385-9391.

[4] Lee C H, Hyeon D H, Jung H, et al. Effects of pore structure and PEI impregnation on carbon dioxide adsorption by ZSM-5 zeolites [J]. Journal of Industrial & Engineering Chemistry, 2015, 23: 251-256.

[5] Hemalatha P, Bhagiyalakshmi M, Ganesh M, et al. Role of ceria in CO_2 adsorption on NaZSM-5 synthesized using rice husk ash [J]. Journal of Industrial and Engineering Chemistry. 2012, 18 (1): 260-265.

[6] Zhang J, Singh R, Webley P A. Alkali and alkaline-earth cation exchanged chabazite zeolites for adsorption based CO_2 capture [J]. Microporous & Mesoporous Materials, 2008, 111 (1): 478-487.

[7] Yang S T, Kim J, Ahn W S. CO_2 adsorption over ion-exchanged zeolite beta with alkali and alkaline earth metal ions [J]. Microporous & Mesoporous Materials, 2010, 135 (1): 90-94.

[8] Xu X, Song C, Andresen J M, et al. Novel polyethylenimine-modified mesoporous molecular sieve of MCM-41 type as high-capacity adsorbent for CO_2 capture [J]. Energy & Fuels, 2001, 16 (6): 1463-1469.

[9] Ming B Y, Lin B S, Yi C, et al. Promoting the CO_2 adsorption in the amine-containing SBA-15

by hydroxyl group [J]. Microporous and Mesoporous Materials, 2008, 114 (1): 74-81.

[10] Pham T D, Hudson M R, Brown C M, et al. Molecular basis for the high CO_2 adsorption capacity of chabazite zeolites [J]. ChemSusChem, 2015, 7 (11): 3031-3038.

[11] Montégut G, Michelin L, Brendlé J, et al. Ammonium and potassium removal from swine liquid manure using clinoptilolite, chabazite and faujasite zeolites [J]. Journal of Environmental Management, 2016, 167: 147-155.

[12] 商云帅. 以高岭土为原料沸石分子筛的合成及其氮氧吸附性能研究 [D]. 大连: 大连理工大学, 2009.

[13] Garshasbi V, Jahangiri M, Anbia M. Equilibrium CO_2 adsorption on zeolite 13X prepared from natural clays [J]. Applied Surface Science, 2017, 393: 225-233.

[14] Johnson E B G, Arshad S E. Hydrothermally synthesized zeolites based on kaolinite: a review [J]. Applied Clay Science, 2014, 97: 215-221.

[15] Pour A A, Sharifnia S, Neishaborisalehi R, et al. Performance evaluation of clinoptilolite and 13X zeolites in CO_2 separation from CO_2/CH_4 mixture [J]. Journal of Natural Gas Science and Engineering, 2015, 26: 1246-1253.

[16] Martin-Calvc A, Gutiérrez-Sevillano J J, Parra J B, et al. Transferable force fields for adsorption of small gases in zeolites [J]. Physical Chemistry Chemical Physics, 2015, 17: 1-22.

[17] Golchoobi A, Pahlavanzadeh H. Molecular simulation, experiments and modelling of single adsorption capacity of 4A molecular sieve for CO_2-CH_4 separation [J]. Separation Science and Technology, 2016, 51 (14): 2318-2325.

[18] Heck H H, Hall M L, Santos R D, et al. Pressure swing adsorption separation of $H_2S/CO_2/CH_4$ gas mixtures with molecular sieves 4A, 5A, and 13X [J]. Separation Science and Technology, 2017, 53 (2): 1-8.

[19] Couck S, Lefevere J, Mullens S, et al. CO_2, CH_4 and N_2 separation with a 3DFD-printed ZSM-5 monolith [J]. Chemical Engineering Journal, 2017, 308: 719-726.

[20] Samanta A, Zhao A, Shimizu G K H, et al. Post-combustion CO_2 capture using solid sorbents: a review [J]. Industrial & Engineering Chemistry Research, 2012, 51 (4): 1438-1463.

[21] Mortola V B, Ferreira A P, Fedeyko J M, et al. Formation of Al-rich nanocrystalline ZSM-5 via chloride-mediated, abrupt, atypical amorphous-to-crystalline transformation [J]. Journal of Materials Chemistry, 2010, 20 (35): 7517-7525.

[22] Song W, Justice R E, Jones C A, et al. Synthesis, characterization, and adsorption properties of nanocrystalline ZSM-5 [J]. Langmuir the Acs Journal of Surfaces & Colloids, 2004, 20 (19): 8301-8306.

[23] Xu X, Song C, Andrésen J M, et al. Preparation and characterization of novel CO_2 "molecular basket" adsorbents based on polymer-modified mesoporous molecular sieve MCM-41 [J]. Microporous and Mesoporous Materials, 2003, 62 (1): 29-45.

[24] Cheng Y, Liao R H, Li J S, et al. Synthesis research of nanosized ZSM-5 zeolites in the

absence of organic template [J]. Journal of materials processing technology, 2008, 206 (1): 445-452.

[25] Teng Y, Li L, Xu G, et al. Promoting effect of inorganic alkali on carbon dioxide adsorption in amine-modified MCM-41 [J]. Energies, 2016, 9 (9): 667.

[26] Wang X, Li H, Liu H, et al. AS-synthesized mesoporous silica MSU-1 modified with tetraethylenepentamine for CO_2 adsorption [J]. Microporous and Mesoporous Materials, 2011, 142 (2): 564-569.

[27] Li Y, Wen X, Lei L, et al. Synthesis of amine-modified mesoporous materials for CO_2 capture by a one-pot template-free method [J]. Journal of Sol-Gel Science and Technology, 2013, 66 (3): 353-362.

[28] Sanz-Pérez E S, Olivares-Marín M, Arencibia A, et al. CO_2 adsorption performance of amino-functionalized SBA-15 under post-combustion conditions [J]. International Journal of Greenhouse Gas Control, 2013, 17: 366-375.

[29] Liu S H, Hsiao W C, Sie W H. Tetraethylenepentamine-modified mesoporous adsorbents for CO_2 capture: effects of preparation methods [J]. Adsorption-journal of the International Adsorption Society, 2012, 18: 431-437.

[30] Chao C, Yang S T, Ahn W S, et al. Amine-impregnated silica monolith with a hierarchical pore structure: enhancement of CO_2 capture capacity [J]. Chemical Communications, 2009 (24): 3627-3629.

[31] Son W J, Choi J S, Ahn W S. Adsorptive removal of carbon dioxide using polyethyleneimine-loaded mesoporous silica materials [J]. Microporous & Mesoporous Materials, 2008, 113 (1): 31-40.

[32] Nguyen T H, Kim S, Yoon M, et al. Hierarchical zeolites with amine-functionalized mesoporous domains for carbon dioxide capture [J]. ChemSusChem, 2016, 9 (5): 455-461.

[33] Su Y, Peng L, Shiue A, et al. Carbon dioxide adsorption on amine-impregnated mesoporous materials prepared from spent quartz sand [J]. Journal of the Air & Waste Management Association, 2014, 64 (7): 827-833.

[34] Chen C, Kim S S, Cho W S, et al. Polyethylenimine-incorporated zeolite 13X with mesoporosity for post-combustion CO_2 capture [J]. Applied Surface Science, 2015, 332: 167-171.

[35] Qi G, Wang Y, Estevez L, et al. High efficiency nanocomposite sorbents for CO_2 capture based on amine-functionalized mesoporous capsules [J]. Energy & Environmental Science, 2011, 4 (2): 444-452.